MARUYAMA COFFEE

丸山珈琲的
精品咖啡學

柴田書店—編

瑞昇文化

序 言

我是「丸山珈琲」的丸山健太郎。

我在1991年於輕井澤開設了自家烘焙咖啡店，自2000年起，開始積極經營精品咖啡事業。目前於長野縣、山梨縣、東京都及神奈川縣共經營有9間店鋪。丸山珈琲最大的特徵為直接由咖啡豆產地取得生豆。我更以買家身分，走遍中南美洲、非洲及亞洲各產地。

這近十多年，精品咖啡產業出現蓬勃變化，我也深刻感受其中。自2000年左右起，在歐美許多都市開始興起了與大型精品咖啡連鎖店相抗衡，新型態的烘焙自營業者。這些業者可以說走就走地前往咖啡產地，直接與生產者進行溝通，更以遠高於紐約咖啡豆期貨的價格收購。這些業者在當地有著深愛著他們咖啡產品的支持者，不禁令人驚嘆這塊市場的成長速度。

自2002年起，我開始有機會以國際審查員身分參加精品咖啡品評會「Cup of Excellence（以下簡稱為COE）」，透過審查會，增加了許多和與會的歐美自營業者相互交流的機會。我原本以為自己還算理解精品咖啡的概念，但在透過和這些自營業者交談、造訪他們的咖啡店，實際了解精品咖啡是以怎樣的方式提供給客人，進而受到相當大的衝擊。

我1年造訪咖啡產地及消費國的期間大約為100～150天。如此頻繁出訪都是為了實際掌握第一手資訊。產地可能因為該國的政權更迭、新頒布的法令、負責收購的合作社財務狀況及小規模生產者的世代交替等各種變化因素反應在咖啡品質之上，因此更必須盡速掌握訊息才能予以應對。而透過走訪消費國，則是能夠掌握最新萃取設備資訊，激發銷售方法等經營所需的靈感。

日本的精品咖啡產業也逐漸成熟，想必今後市場規模將日益擴大。眼見歐美市場的蓬勃發展，我認為要和全球抗衡的關鍵在於掌握正確資訊及知識。期待本書能讓讀者們更了解變化萬千的精品咖啡業界及迎接新時代的咖啡店工作內容。

Contents

關於丸山珈琲

※本書由（股）柴田書店出版的MOOK「café-sweets」連載文章「走訪世界！丸山健太郎的最新精品咖啡資訊」（2010年4月～2012年3月）及「『丸山珈琲』的咖啡店工作」（2014年4月～2015年3月）之專題內容及新增採訪文所彙整而成。

攝影／三佐和隆士、長瀨ゆかり（第59、63頁）
設計／矢作裕佳（Sola design）
地圖製作／田島浩行
編輯／黑木 純

什麼是精品咖啡

若要簡單說明何謂精品咖啡，便是指：

「萃取出的咖啡液能夠充分呈現生產地的氣候及土壤等特性，

高品質的美味咖啡」。

咖啡的品質一般會以生產地的海拔高度或顆粒大小來評判，

而精品咖啡則是以杯測品質（係指萃取完成的咖啡風味；Cup Quality）

作為評判基準為特徵。

丸山珈琲自2000年開始提供精品咖啡。

丸山珈琲社長─丸山健太郎認為：

「若要追求美味的咖啡，首先必須重新審視素材」，

若要取得高品質的素材，便必須親身走訪產地，

充分了解每塊咖啡產地的特性，並和生產者建立互信關係。

也因此丸山健太郎走遍南美、中美、非洲及亞洲產地，

提供消費者個性迥異的咖啡種類。

採購生豆

與生產者建構互信關係

丸山珈琲平時提供有30款咖啡豆商品，其中約20款為單品咖啡，產地遍及15個以上的國家。咖啡豆種類會依季節有所變化，1年提供有總數約100款的品項。進行咖啡豆採購任務的是社長丸山健太郎，目前1年中約有100～150天是在海外進行咖啡豆的採購。

丸山社長的年度行程規劃如下。

1月～4月分別走訪瓜地馬拉、薩爾瓦多、宏都拉斯及哥斯大黎加等中美洲生產國3～4次（每次出差約走訪2～3個國家）。這段期間為咖啡的收成期或剛結束收成。丸山社長每年會拜訪有生意往來的莊園，有時還會透過莊園主人介紹，前往視察其他新莊園。此外，1～2月也會造訪非洲・肯亞。肯亞每年會有2次收成，1～2月的造訪是為了採購9月～12月主季（主要收成期；Main crop）的咖啡豆。

5月～6月時，多半會參加美國精品咖啡協會所主辦的活動或世界盃咖啡大師競賽（World Barista Championship；WBC）等賽事，當然有時也會利用出訪機會順道繞往產地。

7月～8月期間主要會訪問巴西、玻利維亞等南美國家。非洲蒲隆地的收成期剛好也是7、8月之際，因此每年也會安排前往。

9月～12月之際則會拜訪哥倫比亞、衣索比亞等國家。針對如哥倫比亞、衣索比亞、瓜地馬拉及巴西等重要產地，有時會透過不同的生產團體採購咖啡豆，因此甚至需要調整行程，每年前往2次。

丸山社長更表示：「有時還會臨時地造訪產地。就曾有莊園主人聯繫說希望我去看看新開墾的莊園，為此我跑了一趟衣索比亞。」

想要穩定地取得優質咖啡豆必須透過和生產者建立互信關係，因此就算某一年因天候不佳等因素使得種植出來的咖啡豆品質變差，若丸山社長認為是極具潛力的莊園或生產處理廠，還是會以投資的角度持續採購3～4年。提供咖啡豆的生產者多半是以家族為單位的小規模經營者，由於經營上較不穩定，有時甚至須在收成前支付週轉金，過去更曾贊助或金援設備投資。

丸山社長認為，正因有這群熟練的咖啡生產者，才能夠栽培出美味的咖啡豆。買家必須站在生產咖啡豆農民的角度，設身處地為他們的生活習慣及環境著想。丸山社長2009年申辦的護照簽證章頁面雖然已進行加頁，仍是在短短5年便全數用盡。對此，丸山社長表示：「要前往產地對身心靈來說雖相當疲累，但卻有其價值。我想和生產者們的互動今後應該會更頻繁吧！還有許多優質的咖啡豆尚未被發掘，我的工作就是將其美味介紹給日本的各位。」

咖啡的主要產地及味道特徵

咖啡豆栽培於以赤道為中心，涵蓋北緯25度至南緯25度範圍帶狀區域的咖啡地帶（Coffee Belt）。咖啡的栽培條件如下。首先年降雨量為1500～2000公釐，需要是生長期間多雨、收成期間乾燥，同時具備雨季及乾季的氣候區域。此外還須符合年平均氣溫為20℃、日照量適中、土壤肥沃、排水性佳的條件。生產大致可分為中南美洲、非洲・中東及亞洲・太平洋3個區域。雖然任一區域皆屬熱帶或亞熱帶氣候，但透過於山區或高地栽培，得以營造符合咖啡的生長環境條件。

咖啡的味道及香氣會受豆子品種、產地土壤、氣候、生產處理過程所影響。如同葡萄酒會因葡萄的品種、生長土壤及收成年分等因素，味道有所差異的概念類似。一般而言，越是高海拔產地，咖啡豆香越濃郁、風味更多元，而低海拔產地的咖啡豆則帶有濃醇及充滿苦味的印象。

地圖中以深褐色列舉的國家為丸山珈琲有提供該國所生產的咖啡商品。在丸山珈琲，平時提供有約20款的單品咖啡，大多數的單品咖啡都是身為社長的丸山先生造訪當地，實際杯測後嚴選的精品咖啡。該店的咖啡豆商品名更包含了生產國、產地・莊園、品種、生產處理方法等，透過商品名稱便可完整掌握咖啡豆的資訊。

衣索比亞（→P.28）

肯亞（→P.31）

盧安達

蒲隆地（→P.30）

印尼（→P.31）

非洲・中東地區

咖啡這個語彙源自於衣索比亞一個名為「Kaffa」的區域，因此衣索比亞以咖啡發祥地著稱，非洲更有多個國家栽培咖啡。特別是東非地區能夠採收高品質的阿拉比卡種。此區域的咖啡風味多半帶有如花朵般的芳香，同時具備多層次的酸味。

亞洲・太平洋地區

該地區以生產精品咖啡聞名的國家為印尼、巴布亞紐幾內亞及東帝汶等。這些國家的咖啡以帶有多元的濃郁口感為特色，讓人聯想到辛香料的獨特風味更是充滿魅力。丸山珈琲雖然未提供該地區的咖啡，但夏威夷本身也以生產咖啡豆聞名。

咖啡地帶

北緯25度

赤道

南緯25度

墨西哥 ------

宏都拉斯（→P.20）

瓜地馬拉（→P.18）

多明尼加

薩爾瓦多（→P.24）

尼加拉瓜

哥斯大黎加（→P.22）

巴拿馬（→P.26）

厄瓜多

哥倫比亞（→P.16）

玻利維亞（→P.14）

巴西（→P.12）

---中南美洲地區---

從巴西，到哥倫比亞、瓜地馬拉等，此區有
多個咖啡主要生產國。簡單區分的話，中美
洲的咖啡帶有明顯酸味及果香，而南美洲
的品種則是水果風味中帶有紮實且濃郁的口
感。幾乎所有生產國都有舉辦COE，希望透
過資訊共享讓咖啡產業不斷進化。

巴西

咖啡風味迥異的Samambaia莊園及Sertao莊園

巴西聯邦共和國
面積 ● 約 851.2 萬平方公里
人口 ● 約 2 億 40 萬人
首都 ● 巴西利亞

　　巴西為世界最大咖啡生產國。丸山珈琲自2000年起開始提供精品咖啡，當時最致力於精品咖啡發展的就屬巴西。對日本人而言，巴西彷彿是咖啡的故鄉，還不時可以透過電視看到巴西的咖啡莊園。但以當年的精品咖啡界而言，巴西咖啡並不被歸類為質量佳的產品。特別在歐美買家眼中，巴西咖啡根本上不了檯面。為了改變這樣的思維，巴西精品咖啡協會積極致力於宣傳巴西產的精品咖啡。名為半日曬（Pulped Natural）的生產處理方式也是於該時期廣泛採用於巴西國內。此外，巴西也相當歡迎日本人的造訪，丸山社長就在這樣的因緣際會之下，前往了巴西。

　　由於巴西領土遼闊，要決定和哪區的生產者交易實在有難度。一旦買賣成立後，當然希望能夠長久合作下去，因此必須選擇能夠信賴的生產者，而COE當然就是尋找生產者最合適的管道。透過COE後的拍賣活動，可直接與生產者建立關係。丸山社長便是透過這樣的方式認識了Samambaia莊園。

　　和Samambaia莊園的交情始於2001年，得標該莊園入選COE的咖啡豆時。Samambaia莊園位於巴西最大城聖保羅的西北北方300公里處，米納斯吉拉斯省南米納斯地區一個名為聖安東尼奧‧杜安帕魯的地方。Samambaia莊園的咖啡豆帶有讓人想起苦巧克力、充滿

剛除去果肉的帶殼豆。

Samambaia莊園

地區 ● 米納斯吉拉斯省（Minas Gerais）
　　　南米納斯（Sul de Minas）
　　　聖安東尼奧・杜安帕魯
　　　（Santo Antonio do Amparo）
海拔高度 ● 1200公尺
莊園面積 ● 120公頃
咖啡栽培面積 ● 52公頃
栽培品種 ● 新世界、Akai、
　　　　　黃波旁、Catigua
生產處理 ● 日曬法、半日曬法

Sertao莊園

地區 ● 米納斯吉拉斯省
　　　卡爾穆・迪米納斯
　　　（Carmo de Minas）
海拔高度 ● 1100～1450公尺
莊園面積 ● 800公頃
咖啡栽培面積 ● 270公頃
栽培品種 ● 黃卡杜艾、
　　　　　黃波旁、紅波旁
生產處理 ● 日曬法、半日曬法

Samambaia莊園風景。
湛藍天空與咖啡樹深綠的搭配充滿美感。

巴西元素的風味，最適合用來沖煮義式濃縮咖啡。

　在巴西，丸山珈琲另有向同樣位於米納斯吉拉斯州卡爾穆・迪米納斯地區的Sertao莊園採購咖啡豆。Sertao莊園距離Samambaia莊園約2小時車程。在巴西的咖啡生產區域中，屬海拔位置較高的莊園，栽培出來的咖啡豆讓人絲毫不覺得是產自巴西，帶有花香及果香，是和Samambaia莊園風味迥異的咖啡。自從卡爾穆・迪米納斯地區多數莊園入選2002年的COE以來，丸山社長一直想直接與該地區的莊園進行交易，但因諸多因素難以實現。直至2005年，才得以透過貿易商CarmoCoffees取得Sertao莊園的咖啡豆。

　丸山社長自2000年起會每年造訪巴西至少2次以上，同時必會前往Samambaia莊園及Sertao莊園。丸山社長表示，跑業務就跟談戀愛一樣，為了取得優質咖啡豆，就需要多花心思經營。

卡爾穆・迪米納斯地區的生產處理廠。於中庭曬乾帶殼豆。

玻利維亞

備受矚目的世界最高海拔莊園Agro Takesi

多民族玻利維亞國
面積 ● 約 110 萬平方公里
人口 ● 約 1005.9 萬人
首都 ● 拉巴斯

　　近年，玻利維亞備受精品咖啡業界的矚目，丸山社長也會每年造訪玻利維亞。其中，吸引丸山珈琲目光的，即是Agro Takesi莊園。Agro Takesi莊園曾於2009年獲得玻利維亞COE冠軍，丸山珈琲便是從那次COE之後的網路拍賣得標Agro Takesi的咖啡豆以來，和該莊園合作至今。

　　Agro Takesi莊園於海拔1750～2600公尺的區域栽培咖啡豆。就丸山社長所知，Agro Takesi為位處世界最高海拔的咖啡莊園。瓜地馬拉、衣索比亞及哥倫比亞等國的莊園最高大概也只有2100公尺而已。

　　決定咖啡美味的關鍵為品種、土壤、海拔高度及生產處理方式等相當多要素。其中，丸山社長認為海拔高度有著舉足輕重的影響。咖啡櫻桃就如同水果般，早晚溫差會讓果實呈現緊實，甜度相對提高。咖啡歷經從綠色蛻變成紅色所花費的時間，讓風味更加多層次。但若海拔過高，早晚氣溫過低，甚至降霜的話，將有可能讓咖啡樹無法順利生長。想要盡可能地在高處種植，卻又擔心環境過冷，Agro Takesi莊園能在海拔2600公尺處成功種植咖啡，可說是奇蹟的展現。

　　Agro Takesi莊園位於距離首都拉巴斯約100公里遠的南央格斯地區，在能夠俯瞰從海拔5800公尺的穆魯拉塔山流出的Takesi河峽谷的斜面栽培咖啡豆。要讓咖啡櫻桃成熟大致

種植於高海拔的玻利維亞咖啡。
即便是收成進入尾聲的8月底，
仍殘留有尚未成熟的果實。

距離首都拉巴斯約100公里，
位處地勢險峻峽谷之中的
Agro Takesi莊園。

咖啡豆品種為鐵比卡。
咖啡樹的生長狀況相當良好。

Agro Takesi莊園

地區 ● 拉巴斯省（La Paz）
　　　南央格斯（South
　　　Yungas）Yanacachi
海拔高度 ● 1750～2600公尺
莊園面積 ● 38公頃
咖啡栽培面積 ●
　　　　　　19.5公頃（鐵比卡）
　　　　　　150棵（藝妓）
栽培品種 ● 鐵比卡、藝妓
生產處理 ● 水洗法

需要8～9個月，但Agro Takesi莊園位處只要未照射到太陽，就需要穿著外套的偏冷氣候地區，因此須花費11個月的時間。一整年都可以同時看見咖啡花、綠色咖啡果實及紅色咖啡果實，是讓人感到相當驚奇的莊園。由於該莊園的產量稀少，在日本也屬不易取得的高價咖啡豆，丸山珈琲則每年都有提供Agro Takesi莊園的咖啡豆。

在玻利維亞，除了Agro Takesi莊園之外，丸山社長還會定期拜訪卡拉納維地區（Caranavi）的小型莊園。該小型莊園距離Agro Takesi莊園約7小時的車程，位處北央格斯地區。高海拔產地的玻利維亞咖啡帶有如柑橘類水果般的酸味，若將其淺焙或中焙作為綜合咖啡的話，能夠呈現出鮮明的整體感；就算予以深焙，因豆子較硬、內部組織不易碳化，反而更能帶出強而有力的甜味及風味。若是品質極佳的玻利維亞咖啡豆，不僅可品嚐到柑橘類的酸，更會讓人聯想到莓果或櫻桃，作為單品咖啡商品也相當具吸引力。

考量一整年度的綜合咖啡商品規劃，能在基底中加入高海拔產地咖啡豆的話，將讓綜合咖啡更具價值。若是以北半球產的咖啡豆為主要採購內容的時期，可以中美洲瓜地馬拉及薩爾瓦多等高海拔的咖啡豆為基礎，其他時期則可選用哥倫比亞及此處介紹的玻利維亞咖啡豆，如此一來品質也可更加穩定。

位於卡拉納維地區的小型莊園。與莊園主合影留念。

哥倫比亞

讓人重新刮目相看的哥倫比亞咖啡實力

哥倫比亞共和國
面積 ● 約 113.9 萬平方公里
人口 ● 約 4770 萬人
首都 ● 波哥大

　　哥倫比亞為世界前3大咖啡豆生產國。25年前，丸山社長開始進行自家烘焙時，在同屬國際商品的咖啡之中，哥倫比亞咖啡被稱為「Colombia Mild」，和肯亞、坦尚尼亞齊身被列為最高等級的商品進行交易。其中，名為「Colombia Supremo」的咖啡豆更是顆粒尺寸極大的頂級品。其後，丸山珈琲的綜合咖啡基底一定會有哥倫比亞咖啡豆。哥倫比亞咖啡富含濃度，經過深焙後，酸味會轉換成甜味，絕對是不可或缺的咖啡商品。

　　丸山珈琲自2000年起開始正式提供精品咖啡，經過了10年歲月，這期間判定咖啡品質的基準有相當大的改變。過去一直都是以「如何烘焙才能成為好喝的咖啡」為焦點，比起烘焙，如今更注重原料的重要性。烘焙程度從過去以深焙為主調整為中焙。因判定品質基準的改變，也顛覆了對既有咖啡豆過往的評價，使得曾被歸類為頂級品的哥倫比亞咖啡評價遭下修。再者，許多中美洲國家開始舉辦COE，讓買家有更多的機會接觸中美洲優質的咖啡豆，市場對於哥倫比亞咖啡的需求也就沒有過去般強烈。

　　其後，哥倫比亞也自2005年起舉辦COE，丸山社長也以國際審查員的身分參加。在那個場合，丸山社長第一次和品質堪稱是真正精品咖啡的哥倫比亞咖啡相遇。澄澈的口感及馥郁的芳香，卻又帶有多種水果氣息，令人懾服的酸味，接著又呈現甜味。不禁讓人為之驚艷，「竟然有這樣的哥倫比亞咖啡！」。審查會後的受獎儀式上，令人意外有相當多位

哥倫比亞COE活動時的情形。
透過該品評會，
丸山社長終於知道了
哥倫比亞精品咖啡的實力。

Los Nogales莊園

地區 ● 烏伊拉省（Huila）
　　　皮塔利托（Pitalito）
海拔高度 ● 1654～1760公尺
莊園面積 ● 11.5公頃
咖啡栽培面積 ● 4.67公頃
栽培品種 ● 主要為卡杜拉
生產處理 ● 水洗法

連綿山脈的另一端可以看到優良產地皮塔利托的城鎮景色。

受獎的生產者都是來自於烏伊拉省一個名為皮塔利托的城鎮，獲得冠軍的Los Nogales莊園 也是位於皮塔利托。丸山社長在其後進行的網路拍賣競標中，與日本國內同為買家的夥伴們一同標得Los Nogales莊園的冠軍咖啡豆。雖然丸山社長不僅想透過競標，更希望能夠和Los Nogales莊園進行持續性的合作，但因為諸多因素難以實現。終於在2009年之際，有機會前往皮塔利托造訪。

　從首都波哥大到南部的內瓦（Neiva）搭乘飛機約需1小時，而內瓦機場到皮塔利托還需約5小時的車程。2009年訪問之際，除了和隸屬Los Nogales莊園的合作社「Cafe Andino」及臨鎮阿塞韋多（Acevedo）合作社「San Isidro」 的成員們會面，一同進行杯測外，也參觀了各成員們的莊園。那時，丸山社長實際感受到以皮塔利托為中心區域的絕佳風土條件，其咖啡沉穩卻又富含韻味，會讓人聯想到青蘋果及櫻桃的果香風味，分明的酸味及餘韻不絕的回甘更是此區咖啡的特色。

　由於這兩個合作社有著許多獲選COE的莊園，使得此區就彷彿是「精品咖啡銀座」的存在。鄰近的考卡省（Cauca）及納里尼奧省（Narino）都有生產相當優質的咖啡，丸山珈琲以烏伊拉省皮塔利托為中心，逐漸擴展採購咖啡豆的區域範圍。

左／皮塔利托「Cafe Andino」合作社的成員們。
右／「Cafe Andino」成員的莊園。由於莊園位置靠近赤道，日照強烈，
　　因此種有相當多保護咖啡植栽的遮光樹。

瓜地馬拉

生產有依地區不同，風味迥異的咖啡

瓜地馬拉收成咖啡時的景象。
雖然大家會認為不過就是收成
成熟的咖啡豆而已，但是實際上
卻是相當有難度的作業。

瓜地馬拉共和國
面積 ● 約 10.9 萬平方公里
人口 ● 約 1547 萬人
首都 ● 瓜地馬拉市

在中美洲各國，早從11月起便會開始採收咖啡櫻桃，並於隔年4月結束收成作業。丸山社長訪問瓜地馬拉也大約會是在收成接近尾聲的3月前後，主要會前往西部的薇薇特南果、首都瓜地馬拉市附近的帕倫西亞（Palencia）及東部的哈拉帕省等地區。

丸山社長表示，若被要求只能提供一個國家的咖啡商品，我說不定會選擇瓜地馬拉。意味著瓜地馬拉的咖啡因區域不同具備相當的多元性。在此介紹三個莊園（或生產處理場），三者的咖啡都是極富個性風味。位在西部薇薇特南果省La Libertad，La Bendicion莊園的咖啡風味會讓人聯想到牛奶巧克力；位在普羅格雷索省拉斯米納斯山脈，La Blla莊園的咖啡則是種植著帶有非常華麗香氣的帕卡瑪拉種；而位在東南方哈拉帕省馬塔克斯昆特拉地區，「La Brea」合作社的咖啡帶有讓人聯想到苦巧克力的厚重口感。

瓜地馬拉雖然產有具水準的咖啡，但並不表示生產者們的生活都相當富裕。在尋找優質咖啡豆的同時，丸山社長有許多與小規模的生產者們對話的機會，雖然對方相當開心能夠將咖啡豆遠銷至日本，但話題總會圍繞著「何時會付款」。對小規模生產者而言，現金流往往是他們最煩惱的事情，生產者們多半處於現金不足的狀態。在中美洲種植咖啡，6月左右就須購買肥料，收成期間更必須每週支付收成工人們現金工資。若手頭沒有現金，生產者們會不得不將咖啡櫻桃賣給名為「郊狼（Coyote）」的仲介商。然咖啡櫻桃未經生產

左／成熟透紅的咖啡櫻桃。
右／薇薇特南果Santiago Chimaltenango的
生產者們，性格坦率卻有點害羞。

La Bendicion莊園

地區● 薇薇特南果省
韋韋特南戈
（Huehueten-ango）
La Libertad El Paraiso
海拔高度● 1720～1800公尺
莊園面積● 15公頃
咖啡栽培面積● 15公頃
栽培品種● 波旁、卡杜拉、
卡提摩
生產處理● 水洗法

La Blla莊園

地區● 普羅格雷索省（El Progreso）
拉斯米納斯山脈
（Sierra de las minas）
San Agustin Acasaguastlan
海拔高度● 1450～1630公尺
莊園面積● 100公頃
咖啡栽培面積● 75公頃
栽培品種● 波旁、Villa Sarchi、卡杜拉、
帕卡瑪拉、Sarchimor
生產處理● 水洗法

La Brea （合作社）

地區● 哈拉帕省（Jalapa）
馬塔克斯昆特拉
（Mataquescuintla）
海拔高度● 1500～1600m
莊園面積● ——
咖啡栽培面積● ——
栽培品種● 波旁
生產處理● 水洗法

處理，售價會被砍至出口價格的5～6成，但亟需擁有現金的生產者們仍是會選擇變現救急。若是生產者們自行銷售出口的話，入帳需等待至少3個月以上，因此賣給郊狼相對而言更有吸引力。

在這樣的情況下，「何時付款」就比提出高額的收購價格來的重要。若是資金充裕的大規模生產者當然另當別論，但對小規模生產者而言，被「明天的麵包費用」、「幾週後就要償還的借款」追著跑，比起3個月後的100萬元，明天能拿到50萬元才是他們所希求。對此，丸山社長甚至曾支付小規模生產者訂金，支助生產者們讓他能夠安心生產高品質的咖啡。

這樣的作法雖然不會用在經營穩定的中、大規模生產者上，但咖啡產業中，小規模生產者的比例人數相當高，若能夠解決他們的金流問題，相對也能提升生產者們的士氣，透過買家們的持續採購，相信咖啡品質一定能夠不斷提升。藉由這樣的方式讓咖啡產業朝正向發展，可以說是和小規模生產者交易中最重要的環節。

左／生產成員的家族。
右／日曬完成的帶殼豆。

日曬帶殼豆時的翻動作業，
需定期、確實地將其翻動。

宏都拉斯

蘊藏潛力的「沉睡巨人」

宏都拉斯共和國
面積 ● 約 11.25 萬平方公里
人口 ● 約 810 萬人
首都 ● 德古西加巴

　　宏都拉斯咖啡過去一直被定位為「綜合咖啡用的中級品」。但在2004年的COE上，丸山社長首次杯測了宏都拉斯的精品咖啡，印象從此改觀。如花朵的芳香、熱帶水果般的風味以及讓人聯想到異國香料的元素——品嚐後讓丸山社長對過去所知的宏都拉斯咖啡有180度大改觀。

　　宏都拉斯鄰國的薩爾瓦多、尼加拉瓜及瓜地馬拉都有舉辦各自的COE，而緊鄰宏都拉斯國境，如薩爾瓦多的查拉特南戈（Chalatenango）、尼加拉瓜迪皮爾托（Dipilto）及瓜地馬拉埃斯基普拉斯（Esquipulas）都出現過獲勝的莊園。丸山社長認為，國境是人們擅自區劃的界線，怎麼想都覺得咖啡豆不可能因為跨越國界，味道就立刻改變，因此無論是宏都拉斯、薩爾瓦多、尼加拉瓜還是瓜地馬拉的咖啡，都蘊藏著無限潛力。再者，鄰近瓜地馬拉，宏都拉斯科潘省（Copan）所生產的部分咖啡也確實被拿到瓜地馬拉，當成瓜地馬拉咖啡販售。有些從事咖啡業的業者更將宏都拉斯稱為「沉睡巨人」。丸山珈琲也自2005年起正式採用作為精品咖啡。

　　丸山社長遵循著優良生產者的群聚效應…首先，便和第1屆宏都拉斯COE的冠軍莊園El Pezote（現在的Amigos de la Naturaleza莊園）主人Gregorio Martinez開始有了交集。其後透過他的介紹認識了附近的生產者，消息逐漸在當地傳開來，現在只要丸山社長有前往當地拜訪時，生產者們聽聞便會前來相會面，也讓丸山珈琲有機會將市場幾乎未曾接觸，生產於深山之中的絕佳咖啡介紹給消費者。

左／獲得第1屆宏都拉斯COE的冠軍得主—Gregorio Martinez。
右／Intibuca省Cangual村的生產者們。

和生產者們交涉咖啡採購
事宜的丸山社長。

當地大多為小規模生產者，
須將生豆存放於自家倉庫。
但帶殼豆需盡快移至專門倉庫存放。

Amigos de la Naturaleza莊園

地區 ● 省倫皮拉（Lempira）
　　　萊帕埃拉（Lepaera）
海拔高度 ● 1550公尺
莊園面積 ● 3.5公頃
咖啡栽培面積 ● 2.5公頃
栽培品種 ● 黃卡杜艾、紅卡杜艾、
　　　　　波旁、IHCAFE 90
生產處理 ● 水洗法

　　當然宏都拉斯咖啡也有必須面對的課題。如西部產地的科潘省、奧科特佩克省、倫皮拉省、聖塔芭芭拉及因蒂布卡省等地區的小規模生產者眾多，莊園的規模都不到5公頃。在中庭或利用高架起的棚架讓帶殼豆乾燥後，會存放於自家倉庫保存，但只要一個不注意，帶殼豆會再次吸收濕氣，損害品質。因此需要盡速存放至出口商等業者的倉庫，置於條件穩定的環境之中。為了補強乾燥作業，甚至必須考慮以乾燥機再次加工。

　　丸山社長目前極有興趣的是因蒂布卡省一個名叫Cangual村的咖啡。在某次機會下，丸山社長品嚐到了極為美味的咖啡樣本，促成了前往當地拜訪的機會。Cangual村海拔高度為1500～1700公尺，初次訪問之際，當地並沒有類似合作社的組織，村民的生活相當貧困，甚至無電可用。Cangual村雖然位處彷彿與世隔絕的山中，卻能種出像柳橙及水蜜桃風味的極品咖啡，甚至有村民種植的咖啡豆獲選COE。丸山社長選擇和生產者們直接交易，自2008年起開始少量地進口該村莊的咖啡。

　　2010年，丸山社長拜訪Cangual村時，甚至受邀前往村內的小學參加歡迎儀式，欣賞孩子們表演舞蹈及朗誦詩歌。歡迎儀式後，更和同一年成立的Cangual合作社理事們一同討論該如何經營今後長期性的合作及運輸物流事宜。丸山社長相信，Cangual只是其中一個例子，宏都拉斯一定還存在著許多尚未被發掘的頂級咖啡。

Cangual村。聚集於小學的村民們（左圖）。　受到孩子們的熱烈歡迎（右圖）。

哥斯大黎加

微處理廠數量的增加呈現出咖啡的嶄新風味

哥斯大黎加共和國
面積●約 5.1 萬平方公里
人口●約 487 萬人
首都●聖荷西

微處理廠的去皮機
（除去咖啡櫻桃外
果皮及果肉的設
備；Pulper）。

在中美洲多國中，哥斯大黎加的經濟屬較為富裕，丸山社長每次造訪都會強烈感受其經濟成長。首都聖荷西市區內常可看到賓士、悍馬等高級進口車輛，四處可見商業大樓的建設工程。

哥斯大黎加原本和其他中美洲國家相同，主要種植波旁種及鐵比卡種的優質咖啡。但自1960年代起，大規模莊園、合作社及國際性的咖啡企業大舉進駐，中小型規模的生產者選擇將自家種的咖啡櫻桃交到這些對象團體的生產處理廠換取現金，擁有這些生產處理廠的合作社及大企業則大量處理收購而來的咖啡櫻桃，提供品質穩定，如「哥斯大黎加SHG」等品種咖啡。

但自1990年代起，受到咖啡國際價格低迷、哥斯大黎加的全國總產量減少之故，合作社及大企業沒有辦法集結所需的咖啡櫻桃量，使得競爭變為激烈，造成哥斯大黎加境內的咖啡櫻桃出現泡沫化，進而導致許多合作社接連倒閉。

當來到1990年代後半時，精品咖啡需求增加，有鑑於過往經驗教訓，哥斯大黎加出現了專門處理親戚間或附近莊園所種植的咖啡櫻桃，被稱為「微處理廠（Micro Mill）」的小規模工廠。

「微處理廠」可以說是和大型集豆處理廠（Mega Mill）規模相對比的用詞。許多較為闊綽的莊園主們想要建立自有品牌，進而設置自家的處理設備；較為貧窮的小規模生產者們集結資金一同購置該設備，讓微處理廠的數量如雨後春筍般增加。2006年時，哥

與Sin Limites微處理廠主人賢伉儷合影紀念。

Sin Limites（微處理廠）

地區●西部谷地 Naranjo Lourdes
海拔高度●1500～1600公尺
莊園面積●6公頃
咖啡栽培面積●5公頃
栽培品種●薇拉沙奇（Villa Sarchi）、
　　　　　卡杜拉、藝妓、SL28
生產處理●蜜處理（半日曬）法

Monte Copey（微處理廠）

地區●塔拉蘇 La Bandera de Dota
海拔高度●1825～2000公尺
莊園面積●—
咖啡栽培面積●—
栽培品種●鐵比卡、卡杜拉等
生產處理●水洗法、日曬法、
　　　　　蜜處理（半日曬）法

Brumas del Zurqui
（微處理廠）

地區●中央谷地 Heredia San Rafael
海拔高度●1450～1600公尺
莊園面積●46公頃
咖啡栽培面積●46公頃
栽培品種●卡杜拉、卡杜艾、波旁、
　　　　　藝妓、薇拉沙奇
生產處理●日曬法、
　　　　　蜜處理（半日曬）法

斯大黎加的微處理廠大約只有10間，但到了2010年增加至100間，目前還有持續增加的趨勢。丸山珈琲也有提供西部谷地（West Valley）微處理廠「Sin Limites」、塔拉蘇（Tarrazu）「Monte Copey」及中央谷地（Central Valley）「Brumas del Zurqui」所生產的咖啡商品。

　微處理廠每次會以一塊田地的單位來處理咖啡豆，使得每個莊園所存在的些微氣候、土壤及品種差異特徵會相當完整地顯現出來。因此當丸山社長發現哥斯大黎加竟然有如此極具性格風味的咖啡時，當下感到非常震撼。丸山社長更意識到，一直尋訪探索的「西部谷地」中，其實就存在有些許微妙差異的氣候區域。

　但微處理廠有一個相當大的弱點，那就是銷售管道問題。若是大型處理廠，出口商及銷售管道都會相當明確，但微處理廠缺乏知名度、價格又相對偏高，因此相當難找到有興趣的買家。

　設立微處理廠對莊園而言是一項大投資。生產者們深信，透過投資微處理廠能夠獲得等同努力程度的收入，但哥斯大黎加的地價不斷上漲，許多過去曾為咖啡莊園的土地逐漸被開發為住宅區，即便是知名的三河區產地（Tres Rios），目前莊園的數量也不斷減少。哥斯大黎加的咖啡產量逐年遞減，今後若要讓哥國成為精品咖啡的主力產地，那麼勢必加速強化及拓展微處理廠。

微處理廠四周風景（左圖）。　廠內設有高架式的日曬設施（右圖）。

薩爾瓦多

不僅採購咖啡豆，還協助設立托兒所

薩爾瓦多共和國
面積 ● 約 2.1 萬平方公里
人口 ● 約 634 萬人
首都 ● 聖薩爾瓦多

　　丸山社長每年會造訪2個薩爾瓦多的咖啡莊園，其一為Santa Elena莊園。該莊園曾獲得2003年薩爾瓦多COE第5名。會和Santa Elena莊園相識完全是巧合，其實在2003年COE的會後拍賣活動上，丸山社長有興趣的是第1名的咖啡豆。但在競標過程中，一同採購的咖啡同行夥伴們意見分歧，因此放棄了第1名的豆子，再者又發現要得標第2、3名的咖啡豆也有難度，最後出線的便是Santa Elena莊園的豆子。丸山社長本身也有參與當屆的COE，深知第5名的咖啡豆水準也相當高，和第1名僅有些許差距。在收到得標豆，實際進行杯測後，發現Santa Elena莊園的豆子不僅帶有花香，更充滿杏桃及柳橙風味，是相當優質的咖啡豆。丸山社長因此立刻前往拜訪Santa Elena莊園並開始合作。Santa Elena莊園距離薩爾瓦多的聖薩爾瓦多市中心約3小時的車程，廣泛佔幅於聖安納（Santa Ana）火山的斜面。目前Santa Elena分有5個莊園（Santa Elena1、Santa Elena2、Camparula、San Pablo、El Mirador），丸山珈琲更是引進每一莊園的咖啡豆。

　　另一個與丸山社長深交已久的為Monte Sion莊園。Monte Sion莊園鄰近薩爾瓦多與瓜地馬拉的國界，位處阿瓦查潘省，莊園主人為Liliana Urrutia女士。Urrutia女士是虔誠的基督教徒，相當積極參與學校及醫療設施建設、經營等公益活動，甚至會將部分莊園獲利

左／Santa Elena莊園內。
　　提供Picker（採收咖啡櫻桃的人）餐點的食堂。
上／工人們食用的墨西哥薄餅（Tortilla）
　　尺寸都特別大！

位處瓜地馬拉國界附近的Monte Sion莊園。

Santa Elena莊園 1／2

地區 ● Apaneca Ilamatepeque
　　　聖安娜省（Santa Ana）
海拔高度 ● 1875公尺／1900公尺
莊園面積 ● 42公頃／210公頃
咖啡栽培面積 ● 42公頃／105公頃
栽培品種 ● 波旁／波旁
生產處理 ● 水洗法／水洗法

Monte Sion莊園

地區 ● 阿帕內卡山脈
　　　（Apaneca）
　　　阿瓦查潘省
　　　（Ahuachapan）
海拔高度 ● 1250～1700公尺
莊園面積 ● 155.47公頃
咖啡栽培面積 ● ―
栽培品種 ● 波旁
生產處理 ● 水洗

捐贈給莊園工人及當地居民，為無法前往學校就讀的孩童們於莊園內開設戶外學校。這般熱衷公益活動的Urrutia女士更表示想要為莊園的工人們設置托兒所，為此丸山珈琲與日本採購咖啡豆的團體「咖啡夥伴學堂（日文：珈琲の味方塾）」（現在的Japan Roasters' Network）決定一同支援此活動。在莊園裡，許多母親都是背著孩子從事農務，因此若有個能夠托育孩童的設施，那麼母親們就能安心地專注於工作。「咖啡夥伴學堂」便將部分的咖啡豆營收作為托兒所的建設基金，總共匯集了約70萬日圓的捐款，而托兒所也於2008年完成建設。

　2010年訪問托兒所之際，莊園的孩童們邊敲著手工製作的鼓、邊唱著歌地迎接訪客，托兒所建物的入口處更寫著日文「味方塾」的英文拼音。若要取得優質的咖啡豆，就必須從生產咖啡者的生活習慣、環境及其諸多背景設身處地考量。丸山社長更認為，和生產者建構持續性的互信關係，協助改善生產者生活，提升咖啡豆品質也是買家的工作之一。

上／Monte Sion莊園的托兒所。
　　入口處寫有「MIKATAJUKU
　　（意為日文「味方塾」）」。
右／孩童們敲著身前的鼓歡迎訪客。

巴拿馬

藝妓品種極受歡迎，
來到了也開始講究咖啡品種的時代

巴拿馬共和國
面積●約 7.55 萬平方公里
人口●約 386 萬人
首都●巴拿馬城

Elida莊園

地區●奇里基省 博克特區 Alto Quiel
海拔高度●1670～1960公尺
莊園面積●65公頃
咖啡栽培面積●30公頃
栽培品種●紅卡杜艾、鐵比卡、波旁、藝妓
生產處理●水洗法、日曬法、蜜處理（半日曬）法

上／Elida莊園以栽
培紅卡杜艾種為主。
下／Elida莊園的
主人Wilford Lam-
astus。

說到巴拿馬咖啡豆的話，當然就是藝妓品種了。2004年Esmeralda莊園出品參賽Best Of Panama（巴拿馬的國際品評會）的咖啡豆在業界引起一陣騷動，丸山社長也以審查員身分參與了該次品評會，至今仍記得那如香水般芬芳所帶來的震撼。但丸山社長當時尚不認為Esmeralda莊園的咖啡豆能夠凌駕衣索比亞的耶加雪菲（藝妓品種為源自衣索比亞的野生種；Yirgacheffe），因此並未給予極高評價。很難想像至今會變成如此出名的咖啡豆…。在品評會後的拍賣競標時，打破紀錄成為當時最高得標金額引起極大的話題。自此之後，在巴拿馬栽培藝妓品種的莊園數量便開始增加。

但伴隨著藝妓品種的人氣高漲，巴拿馬的咖啡價格也不斷攀升。丸山社長並不認為巴拿馬的咖啡豆有著如此般的價值，因此丸山珈琲並未引進巴拿馬咖啡。但當2011年丸山社長於玻利維亞杯測Agro Takesi莊園的藝妓咖啡時，重新認識了此品種絕佳的風味。以紅酒來作比喻的話，會列舉Chardonnay或Sauvignon Blanc等葡萄品種來討論，丸山社長體認到議論咖啡豆品種的時代也即將來臨，因此決定提供更多的藝妓咖啡商品供消費者選擇。

而栽培大量藝妓品種的地區就屬巴拿馬。目前丸山珈琲除了與巴拿馬的Elida莊園、Mama Cata莊園、Don Pachi莊園採購咖啡豆外，也有引進美國企業Ninety Plus經營的莊園咖啡豆。其中，受丸山珈琲注目的是Elida莊園。Elida莊園位處以優良產地聞名的奇里基省（Chiriqui）博克特區（Boquete），巴魯（Baru）火山腳下的原野，海拔高度為1670～1960公尺，肥沃的土壤及偏高的海拔，造就出咖啡豐富的甜味及多層次的酸度。Elida莊園最大特色為依品種詳細區分成不同的咖啡批號，分別施以水洗、半日曬、日曬等各式生產處理法。丸山珈琲店內不僅只有藝妓品種，還提供有以水洗、日曬法處理的紅卡杜艾等咖啡豆。

在產地的杯測作業往往都是令人戰戰兢兢！

若說到要和生產者談論品質議題，該根據什麼項目來對話的話，那便是「杯測品質（Cup Quality）」。

狹義的杯測品質係指在進行杯測作業時的品質確認；廣義的涵義則是指透過各種方法所萃取出的咖啡液品質。

生產者或出口商在買賣生豆時，透過杯測判定品質，並考量價格進行交易。部分會利用美國精品咖啡協會或COE的杯測表施打分數進行判定，部分則會直接提出如「甜味相當突出，有著獨特的氣味，相當令人喜愛」等品嚐過後的感言，而在採購現場採行後者的比例居多。

該杯測結果會影響咖啡價格及銷售區域，近來，有許多生產者對杯測也相當有興趣。中規模及大規模的莊園園主會親自杯測，20～30歲左右的第二代也會參與杯測。

小規模的生產者雖然目前仍未有多餘的心力進行杯測，但當丸山社長在杯測的同時，他們會一直隨側在後，詢問丸山社長的感想。在生產處理或收成方式等方面若有疑問，生產者們也會積極地聽取買家們的建言。

於巴西出口商的實驗室中進行杯測。

於哥斯大黎加杯測時的情景。每回合共有10款樣本，共計會進行3～4回合。由於生產者也會陪同在側，使得杯測現場充滿緊張氣氛。

在產地進行杯測與在日本進行杯測條件相異。首先，產地杯測時的海拔高度較高，大多會在1000公尺以上的高地進行杯測，玻利維亞的拉巴斯海拔高度甚至高達3600公尺。海拔高度越高，水的沸點便會越低。不僅如此，當地水質與日本有所差異外，硬度也是不盡相同。

此外，烘焙也不是說十全十美，時常會發生無法充分烘焙的情況。

丸山社長甚至曾杯測過不斷烘焙，生豆終於呈現偏向橘色的極淺焙咖啡豆。當然，那種狀態的咖啡豆是無法拿來進行杯測，因此丸山社長提出了再次烘焙的請求。

有時，烘焙樣本咖啡豆的烘豆機多年未清理，所有的豆子散發出薰臭味，有種彷彿被迫喝下了煙燻咖啡的感覺。面對這些狀況，也只能在有限的時間內下判斷，因此相當辛苦。

甚至經常在被生產者包圍的情況下進行杯測。有時前往合作社時，還必須在約20名合作社成員包圍的情況下杯測，充滿莫名的壓力。在不曾見過面的生產者們面前杯測可說是戰戰兢兢，有如正面對決，絲毫不能輕看對方，更必須在最短的時間內說出讓對方心服口服的感想及評語。

丸山社長曾利用中美某國出口商的實驗室進行杯測，當時桌上擺了約10款知名莊園的咖啡豆樣本，丸山社長杯測後認為雖然還算美味，但總覺得少了什麼…，將內心的想法表達給出口商後，出口商才道：「唉啊！抱歉抱歉！我誤會你當初的意思了，你是想試試最頂級的咖啡豆對吧？」，語畢便開始收拾桌上的樣本，並重新擺上相同莊園所生產的其他款咖啡豆。

杯測後發現和方才的味道天差地遠，實在無比美味。這樣的經驗雖不常遇到，但由此便可體會到在產地進行杯測往往是令人繃緊神經。

衣索比亞

前往西達摩及耶加雪菲時會拜訪多個生產處理廠

衣索比亞聯邦民主共和國
面積 ● 約 109.7 萬平方公里
人口 ● 約 9173 萬人
首都 ● 阿迪斯阿貝巴

　　衣索比亞最為人所知的便是阿拉比卡種的原產地。丸山社長前往衣索比亞時，主要會走訪以生產咖啡聞名的西達摩（Sidama）及耶加雪菲（Yirgacheffe）。衣索比亞南方有著居住南部諸多民族的州，其中西達摩地區所產的咖啡被稱為「Sidamo」；Gedeo地區耶加雪菲的咖啡則被稱為「Yirgacheffe」，但也有人將包含部分奧羅米亞省（Oromia）更廣泛區域所生產的咖啡皆以「西達摩咖啡」命名。無論是西達摩或Gedeo，栽培咖啡的位置皆為海拔高度1600～2000公尺的高地，生產具個性的咖啡豆。

　　從首都阿迪斯阿貝巴到耶加雪菲約需6小時的車程。丸山社長在西達摩及耶加雪菲時會走訪各5～6處的合作社，在非洲，各戶種植咖啡的農家會將咖啡櫻桃運送至鄰近被稱為「Station」的共同生產處理廠。如「Yirgacheffe Hama」或「Sidama Shanta Golba」，產地後面便是合作社的名稱。一般而言，合作社會以該部落的名稱命名，加盟的農家少則數百，多則上千家。每戶農家頂多只能生產數百公斤的咖啡櫻桃，因此一個貨櫃（250袋）的生豆可能混著100多戶，有時甚至多達200戶以上的農家所生產的咖啡櫻桃。若要維持一定品質，各合作社的品質控管，對成員們的指導就更顯重要。

　　西達摩咖啡大致來說帶有柳橙或花朵的香氣，以及絕佳的甜味；耶加雪菲則是帶有讓人聯想到檸檬草或佛手柑的獨特香味。但這些氣味會依生產處理廠不同，存在著些許的

Gedeo地區Adado處理廠一景。
各農家將收成的
咖啡櫻桃搬送至此。
處理廠人員會立刻將咖啡櫻桃秤重，
依各戶的重量
日後支付款項給農家們。

Kokanna水洗處理廠 （共同生產處理廠）

地區 ● 南部諸民族州
　　　　Gedeo Yirgacheffe
海拔高度 ● 1975公尺
莊園面積 ● —
咖啡栽培面積 ● —
栽培品種 ● 多款衣索比亞在來種
生產處理 ● 水洗法

西達摩地區Shilcho處理廠 一景。
將咖啡櫻桃置於架高起的棚子進行乾燥。

差異。若想要掌握每一處理廠因氣候、海拔高度、土壤不同所呈現的味道差異，就必須拿各處理廠最佳狀態的咖啡豆來進行比較。但各處理廠每年生產出的豆子好壞皆不盡相同，因此要同時將最好的咖啡豆拿來作比較是相當困難的。對此買家只能努力記住某一年品質極佳狀態下的咖啡味道，進而必須隨時走訪多處處理廠，蒐集樣本。若只是要確認味道的話，請對方將樣本寄至日本即可，但處理廠會因合作社的領導者或幹部等組織高層人士異動而改變經營方針，有時甚至會大幅影響品質變化，因此買家須實際前往當地，掌握相關資訊。

　　依丸山社長過去的經驗，曾經前往距耶加雪菲8小時車程，一處位於沙基索（Shakiso）的處理廠；也曾經遇過因道路狀況不佳，車子不斷爆胎的情況；甚至搭起帳棚，緊包著睡袋冷到發抖地直接睡在處理廠內。丸山社長表示，因同行的美國「Stumptown Coffee Roasters」及「Four Barrel Coffee」的咖啡買家曾在沙基索採購過豆子，因此也跟著一起前往拜訪，內心卻不禁疑惑「為何要大老遠的特地跑到這麼遠的地方來？」，但回到阿迪斯阿貝巴，杯測了沙基索的樣本之後，便完全心服口服。丸山社長將西達摩及耶加雪菲約15處處理廠的咖啡豆進行盲測 ，結果竟是沙基索的咖啡最傑出，讓人充分感受到絕佳的甜味及多層次的水果風味，讓丸山社長慶幸自己還好沒有對辛苦的旅程發牢騷！

左／Gedeo地區Adado處理廠合作社的女性們。
右／身著藍色上衣的男性為該合作社的代表。

蒲隆地

全球為之注目的新興咖啡產地國

蒲隆地共和國
面積 ● 約 2.78 萬平方公里
人口 ● 約 1020 萬人
首都 ● 布松布拉

Mubanga水洗廠

地區 ● 卡揚扎省（Kayanza）Buyenzi
海拔高度 ● 1724公尺
莊園面積 ● ─
咖啡栽培面積 ● ─
栽培品種 ● 波旁
生產處理 ● 水洗法

上／2011年於蒲隆地舉辦的國際咖啡品評會。來自6個國家、15位的國際審查員參與審查。
下／獲獎的蒲隆地生產者們。生產者們對於咖啡的品質意識相當高，丸山社長也被問了相當多的問題。

蒲隆地為丸山社長目前最關注的咖啡生產國之一。會造訪蒲隆地是因為以國際審查員參加了2011年於蒲隆地首次舉辦的國際品評會「Prestige Cup」。雖然丸山珈琲在這之前也曾提供過蒲隆地的咖啡，但隨著能夠透過其他管道採購其他產地的咖啡後，便沒有繼續販售蒲隆地咖啡商品。然在Prestige Cup杯測後，丸山社長發現蒲隆地的咖啡有著無限可能性。

蒲隆地咖啡的魅力在於鮮明的酸味及如水果般的香氣。雖然鄰國盧安達的咖啡也有著鮮明的酸味及令人聯想到柳橙或熱帶水果的香氣，若要列舉出差異之處，丸山社長認為是濃郁度上有所不同。盧安達的咖啡感覺較為纖細、柔滑（Silky）；而蒲隆地的咖啡則給人較為厚實（Creamy）的口感。

但蒲隆地咖啡存在著一個問題，那便是容易出現馬鈴薯味（Potato Flavor）。

馬鈴薯味係指在萃取咖啡液時，所散發出像馬鈴薯、青草或青豆的臭草味。若日益成熟的咖啡櫻桃被昆蟲侵蝕，或收成時受損，據說細菌便會從受損處入侵，引起化學變化。雖說盧安達咖啡出現馬鈴薯味的機率頗高，但透過許多方式避免昆蟲接近咖啡櫻桃，成功地讓發生率降低，因此丸山社長相信蒲隆地在未來應也能夠解決此問題。

丸山社長前往蒲隆地時，會拜訪Mubanga水洗廠（生產處理廠）。會知道Mubanga水洗廠完全是個偶然的機會。丸山社長在前往參加蒲隆地品評會的飛機上遇到了友人，當時和友人隨行的女性是Mubanga水洗廠主人的姪女。抵達蒲隆地首都布松布拉後，在該名女性的帶領下前往位於卡揚扎省Buyenzi地區的某生產處理廠，Buyenzi地區海拔高度為1700公尺，以蒲隆地國內而言更是能取得極品咖啡豆的區域之一。這邊的咖啡豆不僅帶有梅子及牛奶巧克力的風味，更充滿花朵芬芳。

肯亞

在出口商的實驗室中挑選極品中的極品

肯亞共和國
面積 ● 約 58.3 萬平方公里
人口 ● 約 4435 萬人
首都 ● 奈洛比

在精品咖啡世界中，肯亞的咖啡豆品質有著極高的評價。肯亞雖然有著符合非洲廣大土地的大規模莊園，丸山社長卻認為，真正優質咖啡豆是集結在有小規模莊園所栽培咖啡豆的生產處理工廠中。然而，由於隨著合作社領頭及幹部異動等因素，生產方針變動機率極大，持續性的投資風險相對較高，因此在肯亞要和其他國家一樣，直接與工廠進行交易相當困難。

正因上述背景，丸山珈琲會透過一間名為Dormans的出口商採購肯亞咖啡豆。Dormans在咖啡業界極富盛名，提供有從商業用豆（Commercial coffee）到頂級精品咖啡豆種類多元的豆種。丸山社長雖然每年都會於Dormans的實驗室進行杯測選豆採購，但選出的豆子風格都近乎相同，以肯亞山腰涅里省（Nyeri）所生產的咖啡豆為主，而涅里省所產的咖啡豆帶有莓果風味。

近幾年還於店內提供基安布省（Kiambu）錫卡（Thika）地區Karinga水洗廠的咖啡豆。錫卡地區同時也為茶葉栽培區域，Karinga水洗廠是被茶葉田包圍的獨特產地。該水洗廠生產的咖啡豆特徵為帶有香草及花朵的芳香，和涅里省的咖啡豆風味截然不同。

印尼

透過英國貿易商，採購小規模生產者的咖啡豆

印尼共和國
面積 ● 約 189 萬平方公里
人口 ● 約 2 億 4,900 萬人
首都 ● 雅加達

要新尋找購買咖啡豆的途徑有2種方法。一為透過COE尋找，另一則為請國外的咖啡業者介紹優質的生產者。然而，對於印尼這個距離相當近的生產地，卻也不知為何沒有媒介。此時透過美國及歐洲的友人口中，得知英國的生豆貿易商Mercanta提供有高品質的印尼咖啡後，2005年即刻參加了該貿易商所舉辦的印尼之旅。並在那一趟旅程中和蘇門答臘島西北部亞齊省（Aceh）Takengon地區小規模生產者所栽培的極品咖啡豆相遇。印尼咖啡特徵為強烈的濃郁度，會讓人聯想到苦巧克力、香草及香料。丸山珈琲其他還提供有亞齊省Tengah等地區的咖啡豆。

丸山珈琲的
單品咖啡

（2014年6月商品）

在丸山珈琲隨時提供有約20款單品咖啡的銷售。
每一單品咖啡都是丸山社長
親自杯測所選出的精品咖啡。
其中更有透過咖啡國際品評會COE的
拍賣競標所得標之頂級品。
能夠隨著季節變換和當季最合適的咖啡相遇，
便是丸山珈琲最吸引人的魅力。

墨西哥

2013年墨西哥COE亞軍

Canada Fria
（中焙）

獲選墨西哥COE的咖啡豆。就連認為「墨西哥的咖啡整體味道讓人稍嫌不夠穩重，因此過去較少引進。」的丸山社長也心服口服。該款豆帶有水果風味，會讓人聯想到葡萄及水蜜桃的香甜。

巴西

Brazil Santa Ines
（中焙）

巴西優良產地—卡爾穆・迪米納斯地區，Santa Ines莊園的咖啡豆。透過半日曬的生產方式，呈現出與一般市面上巴西咖啡截然不同的典雅水果風味。丸山珈琲自得標2002年COE冠軍—Agua Limpa莊園的咖啡豆以來，便一直有和該地區的生產者們合作，並透過與眾多生產者們的不斷溝通，推出了許多卡爾穆・迪米納斯的咖啡豆。

Brazil Sr Niquinho
（中焙）

位於巴西優良產地—卡爾穆・迪米納斯的Sr Niquinho莊園與Santa Ines莊園同為Sertao集團所擁有。除了曾獲選COE外，也能穩定地生產高品質的咖啡豆。該款咖啡豆帶有熱帶水果、巧克力及蜂蜜風味。

哥倫比亞

Columbia Montecristo
（深焙）

丸山珈琲雖然以提供哥倫比亞南部烏伊拉省及納里尼奧省的咖啡豆為主，但該款為北部塞薩爾省（Cesar）Montecristo莊園所栽培的咖啡。除了帶有柔和的酸味外，還充滿巧克力的風味。

巴拿馬

Panama Lycello Geisha Estates12
（中焙）

世界極具盛名的美國Ninety Plus，位於巴拿馬的莊園所栽培出的藝妓種。「Lycello」並非指莊園或該地區的名稱，而是針對此咖啡豆的風味、特性、味道之描述。該款咖啡豆的特徵為讓人聯想到柳橙或哈密瓜的風味以及華麗的香氣。

哥斯大黎加

2013年哥斯大黎加COE季軍

Farami
（中焙）

獲選哥斯大黎加COE的咖啡豆，帶有青蘋果、萊姆及柳橙的風味。「Farami」為小型生產處理廠的名稱，取自生產者夫婦Fallas先生及Ramirez太太的名字。丸山珈琲自2012年便直接與Farami莊園進行咖啡豆採購。

Costa Rica Helsar De Zarcero
（中焙）

「Helsar De Zarcero」為位處哥斯大黎加西部谷地，也曾獲選COE的優質小型生產處理廠。丸山珈琲自2006年便與該處理廠合作，處理廠主人還曾造訪丸山珈琲的小諸分店。該款咖啡豆帶有焦糖、杏仁及柳橙風味。

瓜地馬拉

2013年瓜地馬拉COE亞軍

El Morito
（中焙）

獲選瓜地馬拉極具紀念性的第10屆COE咖啡豆。El Morito莊園距離首都瓜地馬拉市約2小時車程，四周環山圍繞的海拔1400～1500公尺處，土壤肥沃，地理條件水準相當高。除了會讓人聯想到葡萄柚及覆盆子的風味及帶有花朵的香氣外，高雅甜味也是該款咖啡豆的特徵。

Guatemala El Yalu
（深焙）

El Yalu是有著多次獲選COE經驗的優質莊園，丸山社長自2009年起更是幾乎每年都會前往拜訪。該莊園的咖啡豆會讓人聯想到烘烤過的豆類、焦糖，品嚐後口中的甜味更是久久不會散去。

Guatemala La Blla
（深焙）

丸山珈琲自2010年起，與由6個莊園、7位生產者所組成的「La Blla」合作社開始交易。期間雖然曾遇到生產者們的生活環境惡化，導致半數以上的成員退出合作社等狀況，但丸山珈琲透過提供採購金額3分之1的費用作為訂金等方式，和生產者們建立互信關係。該款是讓人聯想到苦巧克力、黑糖，絕妙平衡於厚實及輕盈之間的咖啡豆。

薩爾瓦多

2013年薩爾瓦多COE亞軍

Tablon El Copo
（中焙）

屬波旁種的咖啡豆，同時帶有橘子、櫻桃及黑糖多重風味。丸山社長杯測了此款獲選COE的豆子後，相當喜愛進而投標購得。

多明尼加

Dominica Jarabacoa
（中焙）

海拔高度1480公尺的Jarabacoa莊園在多明尼加國內也屬較高位置，該處所收成的咖啡豆在柔和的酸味中帶有水果風味，並含有些許堅果、焦糖口感。

厄瓜多

Ecuador Serbio Pardo
（中焙）

丸山珈琲首次引進的厄瓜多咖啡豆。2013年時，丸山社長被邀請至厄瓜多出席咖啡品評會為契機，得以有機會採購厄瓜多的咖啡豆。Ecuador Serbio Pardo是由位於厄瓜多南部洛哈省（Loja）卡爾瓦斯縣（Calvas）的Kinder El Chero莊園所栽培，「Serbio Pardo」為生產者的名字。除了帶有花香，更有讓人聯想到蘋果、葡萄的風味，柔和的餘韻更是該款咖啡豆的特徵。

肯亞

Kenya Thunguri
（中焙）

距離肯亞首都奈洛比115公里處，涅里省的咖啡豆。該地區位處海拔高度1600公尺的丘陵地，有著涼爽氣候、富含有機物質肥沃土壤等，相當適合栽培咖啡的地理條件。是會讓人聯想到櫻桃、蘋果，帶有強烈香甜的咖啡。「Thunguri」為生產處理廠名稱。

Kenya Karinga
（中焙）

Karinga生產處理廠位於距離首都奈洛比約100公里，基安布省錫卡地區。錫卡地區為茶葉產地，Karinga被茶葉田包圍，屬相當特殊的產地。該款咖啡豆帶有櫻桃及柳橙風味，充滿花香也是特徵之一。

蒲隆地

Burundi Mubanga
（中焙）

蒲隆地自從2012年開始舉辦COE後，便成為精品咖啡的優良產地之一，備受各國買家矚目。丸山珈琲自2011年起和Mubanga水洗廠開始交易。該款咖啡豆的特徵為帶有梅子、牛奶巧克力風味以及花香。

衣索比亞

Ethiopia Hachira
（中焙）

和「Panama Lycello Geisha Estates12」同為Ninety Plus公司所推出的咖啡豆。除了具有檸檬及萊姆的清爽風味外，還帶有花朵及香草的芬芳。商品名「Hachira」是為了表達該款咖啡概念所創造出的詞句，將衣索比亞咖啡才有的獨特風味、特性及口感元素融入該名稱當中。

Ethiopia Nekisse
（中焙）

與「Hachira」相同，是根據Ninety Plus公司的概念所生產的咖啡豆。特徵為帶有草莓及哈密瓜的風味，以及持續許久不會散去的華麗甘甜。

印尼

Indonesia Sumatra Aceh Takengon
（深焙）

產自於蘇門答臘島西北部亞齊省Takengon地區的咖啡豆。特徵為讓人聯想到巧克力、香草及香料的風味。據說丸山社長前往印尼時，因緣際會杯測了該款咖啡豆便相當喜愛，並拜訪了產地。

有機單品咖啡
……JAS有機認證咖啡

有機咖啡
Bolivia Villa Rosario
（中焙）

玻利維亞有著相當適合栽培咖啡的氣候及肥沃土壤，許多莊園都採用有機栽培。「Villa Rosario」是聚居地（Colony）的名稱。該款咖啡豆會讓人聯想到蘋果及焦糖，風味恰到好處。

低因咖啡
……除去99.9%咖啡因，近乎零咖啡因的咖啡

Honduras Decaf
（中焙）

丸山社長將每年都會前往宏都拉斯Cangual村採購的咖啡送至總部位於加拿大的瑞士水洗去咖啡因公司（Swiss Water Decaffeinated Coffee Company）加工成低因咖啡豆。該款咖啡豆的特徵除了帶有牛奶巧克力及焦糖風味，還充滿柔和甜味及易於入喉的口感。

Ethiopia Decaf Natural
（中焙）

瑞士水洗去咖啡因公司所推出的低因咖啡。嚴選完全成熟的咖啡櫻桃，帶有莓果類及水蜜桃的華麗風味及甘甜。

丸山珈琲的
單品咖啡

（2014年12月商品）

巴拿馬

Elida Geisha Green-Tip
（中焙）

位於奇里基省博克特區Elida莊園的咖啡豆。以中美洲區域內最高火山之一——巴魯火山腳下肥沃原野土壤所栽培的咖啡呈現豐富甜味及多層次的酸度。Elida莊園依藝妓種的葉色區分成「Green-Tip」及「Brown-Tip」兩種類，「Green-Tip」樹種所收成的咖啡豆評價相對較高。

哥倫比亞

Colombia Casaloma
（深焙）

哥倫比亞南部優良產地之一——烏伊拉省阿塞韋多區Casaloma莊園的咖啡豆，特徵為帶有苦巧克力與黑醋栗的風味以及濃厚的甘甜餘韻。Casaloma莊園屬於擁有眾多獲選COE經驗生產者的San Isidro Group。該團體不僅從事咖啡生產，更為了保護水源，透過買下附近的原始森林等方式對自然保育貢獻相當心力。

巴西

2013年巴西Early Harvest COE冠軍
Sitio Sao Francisco de Assis
（中焙）

位於卡爾穆·迪米納斯地區的Sitio Sao Francisco de Assis莊園是和丸山珈琲長久以來一直有往來的Sitio Da Torre莊園園主Alvaro的妹妹—Marisa所經營。以純手工摘取完全成熟的咖啡櫻桃，乾燥作業時，更將咖啡櫻桃薄薄鋪平，每日進行20次的攪拌，透過費時費力的工法生產出品質極為穩定的咖啡。該款咖啡豆帶有柳橙、櫻桃、焦糖風味以及花朵芬芳。

Brezil Samambaia
Catigua Natural
（中焙）

位在米納斯吉拉斯省南米納斯地區聖安東尼奧·杜安帕魯的Samambaia莊園所生產之Catigua種咖啡豆。Catigua是黃卡杜艾與Timor Hybird種的交配種。莊園主Cambraia相當看好此品種的潛力，自2011年開始栽培。除了帶有蜂蜜、堅果、香草及完熟水果的風味外，舌尖觸感輕盈、甘甜餘韻也是該款咖啡豆的特徵。

Brezil Carmo De Minas IP
（中焙）

卡爾穆·迪米納斯區的IP莊園所產的咖啡。IP莊園同時也是曾多次獲選COE、生產得獎咖啡豆的Sertao集團中，最具代表性的莊園之一。莊園名稱是以Sertao集團創始者—Izidro Pereira的字首（IP）命名。該款咖啡豆除了有著牛奶巧克力、柳橙的風味外，更帶有一絲絲的花香。

哥斯大黎加

Costa Rica Santa Rosa 1900
La Plaza Natural
（中焙）

Santa Rosa 1900的特別限定款「Natural Process」。Santa Rosa 1900位於哥斯大黎加塔拉蘇地區，為相當具水準的微處理廠，也曾獲選COE。除了帶有櫻桃、梅子、哈密瓜及蜂蜜等多重風味外，口感華麗且相當具深度。

Costa Rica Sin Limites
（中焙）

位於哥斯大黎加優良產地之一西部谷地地區的微處理廠—Sin Limites所生產的咖啡豆。丸山珈琲每年都會推出該款豆子，有著許多忠實客戶。丸山珈琲自2005年起便和莊園主Jaime Cardenas有往來。2014年的商品是使用Jaime Cardenas所經營，Emanuel莊園中栽培的咖啡櫻桃。帶有蘋果、柳橙及巧克力風味。

Costa Rica Brumas
（深焙）

中央谷地地區的微處理廠Brumas del Zurqui所生產。處理廠廠主人Juan Ramon同時也是農學博士，確立並普及了目前哥斯大黎加微處理廠盛行的蜜處理（半日曬法）生產方式。Juan Ramon也曾獲選2012年的COE。咖啡豆本身帶有黑巧克力及黑糖的風味。

宏都拉斯

Honduras Maria Arcadia
（中焙）

丸山社長每年都會前往拜訪宏都拉斯西部的Cangual村，與生產者們充分溝通，追尋品質不斷提升的咖啡豆。同為商品名稱的Maria Arcadia是Cangual村咖啡生產者團體的成員之一。Maria的莊園位於Cangual村海拔最高處，栽培出同區域中相當高水準的咖啡豆。除了帶有櫻桃、青蘋果及水蜜桃風味外，花香也是該款咖啡豆的特徵之一。

Honduras Orlando Arita
（中焙）

位於宏都拉斯西部，靠近薩爾瓦多及瓜地馬拉國界處，Orlando Arita莊園所生產。該莊園更針對生產處理過程配置專門的作業人員，徹底進行咖啡櫻桃的篩選及乾燥作業管理。會讓人聯想到柳橙、堅果及櫻桃，口感相當滑潤。

厄瓜多

Ecuador Buena Vista
（中焙）

位於厄瓜多北部Buena Vista莊園的咖啡豆。若是厄瓜多北部的咖啡，口感特徵接近鄰國的哥倫比亞納里尼奧省；若是南部的咖啡，則接近鄰國祕魯的味道。Buena Vista除了具備與哥倫比亞咖啡相近的特徵外，高質感的豐富酸度及甜度讓人印象深刻。會讓人聯想到葡萄、可可，並帶有可口糖漿的滑潤口感。

瓜地馬拉

Guatemala La Bendicion Sundry
（中焙）

該款為以眾多優質莊園聞名，瓜地馬拉西部薇薇特南果省La Bendicion莊園的咖啡豆。La Bendicion莊園位處能夠曬到日出山脈的山脊，年降雨量為1300～1400公釐，屬相當適合栽培咖啡的環境。這樣的環境成就了帶有巧克力厚實及華麗印象的高質感咖啡豆。

Guatemala La Blla
（深焙）

→參照2014年6月推出之咖啡商品。

肯亞

Kenya Karatina
（中焙）

肯亞涅里省Machira的Karatina工廠所生產的咖啡豆。涅里省位處肯亞山脈南麓，擁有高海拔、排水性佳的肥沃火山土壤等優良地理環境，是以生產出高品質咖啡豆聞名的區域。約有970名的生產者加入Karatina工廠，每年皆提供品質相當穩定的咖啡豆。會讓人聯想到梅子、杏仁及櫻桃，富含水分且鮮明的口感。

衣索比亞

Ethiopia Yirgacheffe Borboya
（中焙）

衣索比亞優質產地──奧羅米亞州（Oromia）博勒納地區（Borena），Borboya Station所產的咖啡豆。這邊的Station係指共同生產處理廠，Borboya Station有來自於約670名生產者所提供的咖啡櫻桃。此咖啡豆的特徵為帶有茉莉花香以及檸檬、櫻桃與蜂蜜般的風味。

Ethiopia Nekisse Red
（中焙）

Ninety Plus公司「Nekisse」（參照2014年6月推出商品）的特別款。和正常的Nekisse相比，甜味更強烈，不僅帶有熱帶水果及熟成果實的風味，更充滿厚實質感、多層次酸味及豐富的口感。

印尼

Indonesia Aceh Tengah
（深焙）

該款為靠近蘇門答臘島西北部塔瓦爾湖（Lake Laut Tawar），亞齊省Tengah地區小規模生產者所生產的咖啡豆。除了帶有黑巧克力、焦糖、香料及香草風味外，口感黏稠。

展現各國不同喜好的精品咖啡採購現場

在咖啡豆產地時，丸山社長有時會選擇與和同一間貿易商購買咖啡豆的歐美買家們一起行動。雖然彼此間是競爭對手，但由於所在國家位置距離遙遠，又同樣是咖啡業界人士，因此相互保持著友好關係。

若對方也在尋找精品咖啡，且對頂級品情有獨鍾，那麼便可以深深了解彼此所遇到的困難，甚至立刻成為忘年之交。

參加產地之旅時，會透過走訪莊園及合作社，掌握生產者是如何管理咖啡樹的生長狀態及莊園營運，並且同時杯測同一區域莊園所生產的咖啡豆。此時可以發現一件很有趣的事，那便是美國、歐洲及日本買家對於咖啡風味所追尋的重點完全迥異。

美國的買家們偏好氣味強烈、酸度較明顯的重口味咖啡豆，一起杯測後，對於他們會將各種氣味具體地以零食或飲料的商品名比喻感到相當新奇。雖然對於日本人的丸山社長而言許多都是沒聽過的商品，但仍覺得非常有趣。

於哥倫比亞時，與各國買家共同走訪產地。

用餐時刻也是相當令人期待，是能夠共享許多資訊的場合。

在產地時，多半會乘坐小型飛機移動。

美國買家對於味道的清澈度及酸度要求不高，反而是日本買家對此相當嚴格。就一般市場趨勢而言，美國消費者傾向選擇口味單純且強烈的咖啡，因此買家們也會選擇此類型的豆種。

另一方面，歐洲買家則是偏好濃郁口感。若評語是「這款豆子適合用來作為義式濃縮」，多半都是出自歐洲買家之口。

此外，公平貿易（Fair Trade）及有機栽培認證的咖啡需求量較大，因此歐洲買家往往會詢問生產者有無相關認證。和莊園的往來多半也會透過長時間、深入了解經營。

那麼日本買家又是怎樣的風格呢？市場往往會認為日本消費者不喜酸味，但丸山社長認為消費者只是對酸味要求水準較高，相對也讓日本買家相當講究酸質的呈現方式。

只要嚐到些微的酸刺或酸澀便會引來日本消費者的抱怨，因此買家在評論酸質就顯得相當謹慎，此外，餘韻是否清澈在日本消費者眼中也是相當關鍵的評判項目。

各國買家擁有著喜好相異的消費市場，在採購咖啡豆的方式也有些許差異，也因此能夠尊重地互處於咖啡業界。

當眾多買家鍾情於同款咖啡豆，有時雖會發生相互競爭的情況，但正因彼此都是追尋頂級之最的咖啡業者，遇到此類情況時，多半會將咖啡豆和一同走訪多個國家的夥伴們共同分享。

近來，還加入了來自澳洲、紐西蘭、韓國及台灣的買家們，讓競爭變得更加激烈。

除了越來越多人加入成為精品咖啡師外，參與競標COE活動的新企業也將不斷增加。若未來中國買家也正式加入參與，咖啡市場會形成怎樣的局面呢？

這就是供給尚無法滿足需求的精品咖啡市場。丸山社長認為，若不透過資訊共享及互助，將跨國買家們相互連結的話，今後將難以在愈趨嚴苛的原料採購競爭環境下存活，因此站在具國際觀的視野思考經營策略將是今後不可或缺的課題。

從咖啡豆到咖啡杯
（from seed to cup）的理想

丸山珈琲會將從世界各個產地集結而來的咖啡豆

於小諸旗艦店內所設置的工坊進行烘焙，確認品質後，製成商品販售。

丸山社長表示，經營丸山珈琲的目的在於向更多的客人介紹高品質咖啡豆。

會開始經營附設有咖啡店的店鋪也是銷售咖啡豆的手段之一。

丸山珈琲為了將豆子的特性充分發揮，不僅在萃取時格外謹慎，

更會從法式壓壺、義式濃縮、滴濾、虹吸式等

挑選出最合適的咖啡萃取方式。

丸山珈琲也相當致力於培育有「咖啡傳訊者」之稱的咖啡師人才。

丸山珈琲的魅力之一在於店內便有日本國內頂級水準的咖啡師為客人們服務。

從採購咖啡豆、烘焙、萃取到銷售，全部都是丸山珈琲的業務涵蓋範圍，

就讓我們來一探究竟，丸山珈琲是如何貫徹「從咖啡豆到咖啡杯」的理念。

烘焙

掌握豆子變化，充分展現每款咖啡豆的個性

烘焙工坊最內側的生豆保管處。由產地運至日本的咖啡豆會保存於神奈川橫濱的恆溫倉庫，並於每週以卡車運送至小諸旗艦店所設置的烘焙工坊。該店備有約10天份的咖啡豆庫存，這些咖啡豆來自約15個國家，共計40種類。生豆在進行烘焙之前，會先以穀物用的篩選機進行處理，去除夾雜物。

丸山社長雖然目前是作為買家走訪世界各地選購咖啡豆，但1991年開業以來約10個年頭，丸山社長可是全心全力地投注於烘焙作業上。

丸山社長表示，當初決定投入咖啡事業時，是因為想要自家烘焙。認為烘焙咖啡是能夠作為生涯規劃的專精事業，就算沒有店鋪，只要有烘焙設備就可開業，相當具有吸引力。透過友人的介紹，認識了於東京自家烘焙的咖啡店老闆，向老闆請益後，透過自我學習練就了一身烘焙技術。

在開業之初，咖啡業界以深焙為主流，丸山珈琲也投入了相當的心力於深焙商品。雖然也有提供淺焙及中焙的咖啡豆，但在烘焙過程中，皆相當注意盡可能地避免酸味的產生。丸山社長便道，當時有酸味的咖啡讓消費者認為是烘焙不完全所致。因此丸山珈琲在烘焙時會盡可能地抑制酸味、除去雜味，努力呈現咖啡的香甜及濃郁。

但在開業10年後，隨著開始提供精品咖啡的同時，丸山社長對於烘焙的想法也有所改變。在初次烘焙獲選COE的豆子，想利用深焙將酸味去除，但發現酸味還是充分存留並未消失時，丸山社長感到相當震驚。和至今截然不同的咖啡相遇，也讓丸山社長對烘焙的想法有所改觀。提供消費者美味咖啡時，烘焙

2008年開幕的小諸分店，同時也是丸山珈琲的旗艦店。其中設有烘焙工坊及咖啡師訓練室。

固然是相當關鍵的因子，但最重要的還是咖啡豆本身。

　　為了完整呈現豆子本身的特性，丸山社長一改過去以深焙為主流，開始將烘焙手法調整為中焙。而在烘焙過程中，將生豆投入烘豆機後，會先以小火進行讓生豆水分散去的「除水」作業，接著加大火力，引出咖啡的風味。但丸山社長認為，若在除水時花費太多時間，咖啡的氣味較難充分顯現，只要烘爐的性能夠好，便可提高除水的效率，這樣就無須以過長的時間進行除水。丸山社長於是利用此方式縮短烘焙時間，致力充分保留每款咖啡豆的特性。

＊

　　在丸山珈琲的烘焙工坊中，引進了美國Loling公司35公斤型及70公斤型的「Smart Loaster」烘豆機各1台。目前1天約可烘焙30爐，每年咖啡豆的烘焙產量約為250噸。Smart Loaster採完全熱風式，不僅不會讓咖啡豆外圍受到過度損害，火候還可充分深入至豆子內部。「Smart Loaster」除了能夠進行1℃個位數的溫度調整設定外，還可透過觸控螢幕輕易控制溫度，只要輸入檔案數據，甚至能夠進行全自動烘焙。

　　但丸山珈琲並未採用全自動烘焙，而是透過4名烘焙人員，邊確認豆色、香氣，邊以手動調節火候。丸山社長表示：「雖然設備商標榜著全自動烘焙的味道和手動烘焙相同，但我可不這麼認為（笑）。「烘焙咖啡豆」雖任誰都有辦法進行，然而要『充分呈現該款豆子的特色』，就必須靠職人們累積的烘豆經驗。」

　　烘焙時間大約為10～15分鐘。想要呈現美味咖啡，其過程中有幾項須注意的重點。如投入生豆後的1分鐘期間，不可對豆子加壓，火候也要稍微壓制。

　　慢慢地拉升火候加熱，讓水分散去，熱源充分進入咖啡豆內部，當散發出香氣時，再加大火候，讓咖啡豆的特性得以充分

烘焙工坊引進2台美國Loling公司的「Smart Loaster」烘豆機。前方為70公斤型，後方為35公斤型。烘焙工坊以透明玻璃裝潢，因此於店內消費的客人也能夠觀賞到烘焙過程。

1天的烘焙計畫。隨著中盤商及直營店不斷增加，丸山珈琲的烘焙量也不斷攀升，目前1天約可烘焙30爐（約700公斤），年產量約為250噸。

顯現。第1爆開始前與結束時的溫度、第2爆開始時的溫度以及完成烘焙的時間點都是相當重要的掌握關鍵。

*

丸山社長說道，約莫15分鐘的過程中，有幾個須下決策的時間點，烘焙師須判斷什麼時候該執行什麼動作。丸山珈琲會在投入生豆後，頻繁地抽出取樣棒確認豆子的顏色、膨脹狀態及香氣。

丸山社長認為，充分掌握豆子的變化是最重要的，沒有辦法將其標準化乃是烘焙作業最困難的地方。即便丸山社長站在烘焙人員身後逐一下指導棋，很令人玩味的是，烘焙出來的口感仍會有所差異。

因此丸山珈琲的人員會共同記下成品咖啡的味道，透過各自的方式進行烘焙，再次展現出相同的風味。為了能夠掌握豆子變化，在各關鍵點施予適當火候，重現理想的咖啡風味便需要透過經驗的累積才能達成。

丸山社長發現，在開始提供精品咖啡後，烘焙讓他越來越覺得愉快。當能夠將每款個性迥異的咖啡豆特色充分顯現，就會讓丸山社長非常有成就感。

丸山社長與負責烘焙的人員。該店負責烘焙的人員除了進行咖啡豆的烘焙作業外，還被要求須具備基本的杯測技巧及能夠準確傳達咖啡口感的表達能力。

▶咖啡豆的烘焙程度

深焙

中焙

淺焙

完成烘焙溫度
232℃

完成烘焙溫度
219℃

完成烘焙溫度
216℃

由左至右分別為薩爾瓦多的深焙（完成烘焙溫度232℃）、中焙
（219℃）、淺焙（216℃）。丸山珈琲的烘焙程度分為216～
217℃（淺焙）、218～219℃（中焙）、226℃（中深焙）、
227～228℃（以下為深焙）、229～230℃、231～232℃、
237℃ 7種類型。

▶烘焙過程

1 上／烘焙3.8公斤的哥倫比亞咖啡豆。放於手推車中的生豆會被吸至入料槽槽口處。手推車除了具備能夠量測生豆重量功能，還附有用來除去雜質的磁鐵。左／2008年小諸店開幕同時引進了35公斤型的Smart Loaster烘豆機。為了因應不斷增加的烘豆量，2013年更增設了70公斤型的烘豆機。雖可進行全自動的烘焙，但丸山珈琲為了能隨時確認豆子的烘焙程度，採用手動調整進行烘焙。

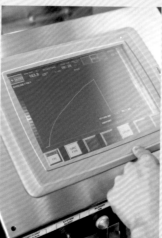

2 透過觸控螢幕調節火候。畫面橫軸所顯示的為烘焙時間，縱軸則是咖啡豆溫度。螢幕上的白色曲線為上次烘焙時的數據，紅色曲線為實際的烘焙狀態。由於受到烘焙豆子的數量、鍋爐爐體熱度等條件不同，火候的控制也會有所變化，因此2條曲線會呈現些微的差距。

3 烘焙機在投入生豆之前，須先進行預熱。投入生豆後（採訪時，約在150℃的條件下投入），須即刻將鍋爐溫度降至60℃，其後以不對豆子加壓的方式，每數十秒緩緩地拉升火候。只要相差幾秒鐘，咖啡豆的風味及香氣就會變動，因此烘焙人員會頻繁地從爐中拉出取樣棒確認豆子的色澤、形狀及香氣。

4 將烘焙完成的咖啡豆洩至冷卻槽。吸氣能力強，能快速地將烘焙後的豆子冷卻也是Smart Loaster烘豆機的優勢。採訪時，在第1爆之後約1分半鐘，第2爆開始之前便完成了烘焙作業。烘焙時間為10分55秒，烘焙完成時的豆子溫度為219℃。

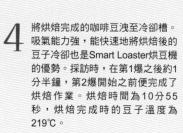

杯測

以8個項目評判一杯咖啡

到底什麼是精品咖啡？丸山社長認為簡而言之，精品咖啡就是生產地的氣候、土壤等特性能充分反映於萃取液中，為高品質的美味咖啡。那麼，又該如何判定精品咖啡的美味與否呢？丸山社長表示，那就必須以用來判定精品咖啡的「杯測表」進行評分。

世界中雖然有著如日本精品咖啡協會、美國精品咖啡協會、歐洲精品咖啡協會等各國與精品咖啡相關聯的團體，但近年已將相關的評判基準予以統一。當進行名為「杯測」的確認作業，且平均分數為80分以上的咖啡豆便稱之為精品咖啡。其中，於數十個咖啡生產國所舉辦的Cup of Excellence（COE）更是受到全球買家的矚目。COE是由世界多個國家的多位審查員以杯測進行評分，只有平均分數達85分以上者，才可稱為COE咖啡。

丸山珈琲在確認咖啡味道時，便是使用COE的杯測表。依照表格（參照第52頁）上方所列出的評價項目，仔細地判斷咖啡的味道。

＊

首先是表格最左邊的「烘焙色（ROAST）」。此項目為確認烘焙豆的顏色。一般的杯測都會以偏淺的中焙（Medium High）豆進行。

丸山社長認為，要判斷豆子有無缺陷的話，確實以淺焙豆最為合適，但過度淺焙的話，將較難感受精品咖啡獨特的口感，因此丸山珈琲會以偏淺的中焙豆進行杯測。

「香氣（AROMA）」係指咖啡豆在研磨後的狀態、注入熱水後杯中粉末浮至表面形成薄膜的狀態、以及將粉體攪拌破壞後，每一階段所散發的香氣。

「缺點（DEFECTS）」原本是用來確認咖啡豆有無發霉、發酵的臭味以及化學藥劑味，但丸山社長表示，目前該項目幾

無論國內外，以杯測師身分活躍於眾多咖啡豆品評會的丸山社長。丸山社長還有著「出席最多世界品評會的杯測師」稱號。

杯測最重要的前提是以統一的條件確認味道。於杯測杯碗中放入11g中～中細研磨的咖啡豆,再注入92～95℃的熱水。

乎都沒有在使用。因為能夠現身於品評會上的咖啡豆幾乎不可能存在著上述的缺點。

「乾淨度(CLEAN UP)」,用來評量味道的潔淨度以及是否存在雜味。從此項目起,便必須實際將咖啡含於口中進行確認。以湯匙舀取咖啡液,用力吸吮入口使其佈滿口中後,對味道進行分析。

「甜度(SWEET)」係指甜味感受。「酸度(ACI-DITY)」係指酸味。在評判酸味時,會將酸的質地評判作為橫軸,酸的質量作為縱軸予以紀錄。

丸山社長表示,由於過去沒有針對質量的評判軸,因此就算是尖銳的酸味,只要強烈度夠,得分往往都會偏高。對此調整表格,設定了確認酸的質地及質量2項評分欄位,如此一來便可更正確地判斷酸度。

「口腔觸感(MOUTHFEEL)」則是評判咖啡液含在口中時的質感。口腔觸感也區分成質地及質量2項目進行判定。「啜吸風味(FLAVOR)」係指風味。「AFTERTASTE」為餘味。「BALANCE」項目則是評判整體味道的均衡度。「OVERALL」則為杯測師對該款咖啡的個人評價。

從「乾淨度(CLEAN UP)」到「OVERALL」8個項目以每項目滿分為8分進行計分,並加上基礎分數36分,以滿分100分進行計分。若眾多杯測師所給予的分數平均超過80分以上,那便可稱之為精品咖啡。

*

丸山社長說:「光一杯咖啡就有這麼多的項目需要評判。而在品評會時,歷時1小時的杯測會讓咖啡溫度有所變化,因此會多次確認味道。」

在小諸分店所附設的烘焙工坊中,也時常舉辦杯測活動。例如測試樣本豆時、選購的豆子實際到貨時、要製成商品推出

沿著表格上方所列出的8個評分項目,來判定咖啡的味道。若將杯測師的給分平均後有80分以上者,則可認定為精品咖啡。

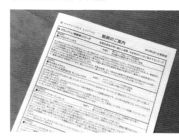

烘焙人員的杯測評語筆記(上圖)。咖啡和葡萄酒類似,會將味道特徵以水果或香料作為形容,將這些評語彙整集結後,製成要提供給客人的商品介紹(下圖)。

前,以烘焙機進行正式烘焙時…。

　　每一階段會由4名烘焙團隊的成員、1名品質管理負責人員以及丸山社長以同品評會的步驟進行味道的確認。

　　丸山社長表示,曾經有遇過品嚐樣本的味道時,明明是得分85分以上的豆子,但出貨至店鋪,再次杯測確認後,卻發現分數掉了1～2分。

　　若遇到這樣的情況,雖然是得分超過80分的高品質咖啡豆,但有時還是會將原本打算作為單品銷售的計畫調整成改作為綜合豆使用。丸山珈琲提供了任誰品嚐過都會認為「美味」的咖啡給消費者。正因丸山珈琲將精品咖啡視為招牌,因此杯測技術是不可或缺的。

咖啡風味、香氣的表現詞彙

巧克力風味	苦巧克力、牛奶巧克力
堅果風味	杏仁、榛果、花生等
香草、香料風味	甜味……迷迭香、茴香、檸檬草等 辣味……胡椒等
水果風味	柑橘類……檸檬、葡萄柚、柳橙等 莓果類……山莓、藍莓、黑莓等 熱帶水果類……奇異果、芒果、香蕉、百香果、鳳梨、木瓜等 蘋果……紅蘋果、青蘋果
花香	茉莉花、玫瑰、紫花地丁等

▶杯測表格

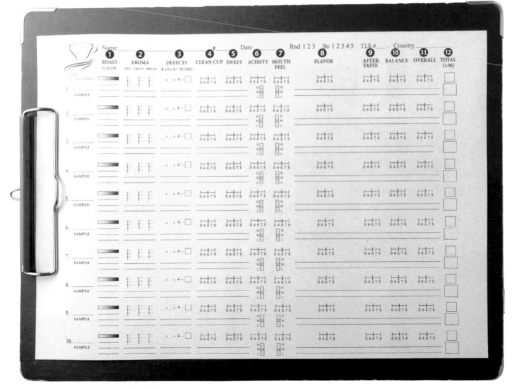

Cup of Excellence所使用的杯測表。

ROAST ❶烘焙色

確認烘焙豆顏色的項目。一般會以偏淺的中焙（Medium High）豆來確認。

AROMA ❷香氣

咖啡豆在研磨後的狀態（DRY）、注入熱水後杯中粉末浮至表面形成薄膜的狀態（CRUST）、以及將粉體攪拌破壞後（BREAK），每一階段所散發的香氣。

DEFECTS ❸缺點

確認有無發霉、發酵的臭味以及化學藥劑的味道等。這類型的味道雖是扣分項目，但在精品咖啡的杯測時幾乎不會遇到。

CLEAN CUP ❹乾淨度

評價味道的潔淨度以及是否存在雜味。若要感受到豆子所散發的特性，就必須是具有透明感的味道。

SWEET ❺甜度

評價咖啡豆所帶有的甜味。一般會以咖啡是否在口中擴散優質的甜味來判斷該咖啡的品質。

ACIDITY ❻酸度

判斷酸味。橫軸用來評判酸的「質地」，縱軸則是記錄酸的「質量」。除了有像醋一樣尖銳強度的酸，也有像水果般但有甜味的酸，種類相當多樣。

MOUTHFEEL ❼口腔觸感

評判黏稠度及潤滑感等，將咖啡含在口中時的感受。和「ACIDITY」相同，分成「質地」及「質量」來判斷。

FLAVOR ❽啜吸風味

依照味覺及嗅覺所感受到的風味進行評判。具體以像柑橘類或莓果類、熱帶果物等水果，花朵、香料、堅果或巧克力來作比喻描述。

AFTERTASTE ❾餘味

針對餘味的評判。譬如以「飲下後，花香從口中散發開來」的描述方式，確認飲下後所留下的印象。

BALANCE ❿均衡度

評判整體味道的均衡度。確認咖啡風味中有無過度突出或不足的元素。

OVERALL ⓫個人評價

杯測師的個人評價。以「帶有青蘋果的風味雖然很突出，但個人並沒有很喜歡」的主觀陳述喜惡也是評判咖啡的要素之一。

TOTAL ⓬總分

填入總分。「CLEAN UP」之後的8個項目以每項目滿分為8分進行計分，並將其總和加上基礎分數的36分。若有「DEFECTS」分數則予以扣分，以滿分100分進行評判。

▶杯測步驟

AROMA（DRY）

ROAST

1 對來自哥倫比亞同一區域的 A～D 4款樣本進行杯測。首先確認咖啡豆的烘焙狀態。所有豆子的烘焙程度都是偏淺的中焙。採取的使用量分別都是11公克。

2 豆子要等到杯測前再行研磨。研磨後的豆子稱為「DRY」，用來確認香氣濃郁度及強度。雖然不列入計分，但以3分進行評判，並寫下評語。丸山社長的評語為「A與D的表現不錯。A有著牛奶巧克力、D則帶有水果的香氣」。

AROMA（CRUST）

3 分別於每一杯測碗注入熱水（190cc、92～95℃）後，咖啡粉末會浮至表面形成薄膜，該狀態即稱為「CRUST」。將鼻子靠近杯測碗，嗅聞香氣，並將評語寫入杯測表中。「這個階段的D表現最為突出。帶有花朵香氣。A則帶有像是奶油的香味，也相當特別」。

AROMA（BREAK）

4 注入熱水4分鐘後，以湯匙將
表面的粉末薄膜撥開，將湯匙
置入杯子底部攪拌3～4次，確
認香氣。「A是苦巧克力、B
是牛奶巧克力、C同樣是牛奶
巧克力、D則帶有可可的香
氣」。

5 粉末沉澱後，將浮於表面的咖
啡浮膜撈起。到此杯測的前半
階段結束。

CLEAN CUP
SWEET
ACIDITY
MOUTHFEEL
FLAVOR
AFTERTASTE
BALANCE
OVERALL

6 從這個步驟起，會實際將咖啡
含入口中評判味道。以湯匙撈
起咖啡液，讓口中能夠呈現霧
狀的方式以可發出籟籟聲用力
吸取咖啡液。吸取時須讓香氣
能夠從喉嚨深處蔓延至鼻子。
丸山社長表示，要將口中的咖
啡全部飲下當然也是可以，但
若飲用過量會造成身體不適，
因此我都會將咖啡液吐掉。

7 杯測所需時間大約為1小時。同時也要確認咖啡液逐漸冷卻時每一時間點的味道變化，決定各個項目的分數。丸山社長的作法則是在咖啡液溫度還很高時，僅記錄香氣及味道所呈現的印象。待注入熱水18～20分鐘後，才開始進行評分。「A為86分、B為87分、C為84.5分、D則是86.5分。在確認AROMA時，A跟D的表現雖然較佳，但現在則是B的表現更為突出」。

8 再經過一段時間後，重新確認A～D咖啡液。當溫度變化後，味道印象也會隨著改變。為了要作最正確的判斷，可調整第2次以後的評分順序，從方才分數較高者開始進行確認。「第2次B的分數為86.5分。剛才的分數給的有點太高了。D則是比剛才飲用時更好，因此分數改為87.5分」。

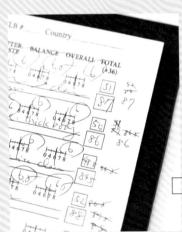

TOTAL

9 丸山社長最少會進行3次的計分，並將最後一次的分數記錄於杯測表中。丸山社長表示，大約50℃狀態下最容易評判味道優劣。若咖啡液太熱時，會散發出許多具揮發性的成分，因此不容易掌握原本的味道。依我的經驗，冷卻後評分拉高的咖啡都會是好咖啡。

10 最終分數分別為A：87分、B：86分、C：84.5分、D：88分。「A帶有柳橙及西瓜風味，冷卻後味道更加清澈，散發著如同黑糖的甜味；B則是有著青蘋果及巧克力的風味，雖然濃度相當足夠，但當冷卻後，味道的潔淨度逐漸減弱，因此得分從87分調整為86分；C雖然帶有讓人聯想到櫻桃及巧克力的風味，但卻缺乏潔淨度。冷卻後，更散發出青澀味及菜味；D可以感受到強烈的花朵香氣，冷卻後更散發出哈密瓜的味道，風味相當華麗，最後餘韻中的甜味更讓人印象極深」。

調製綜合咖啡

輕井澤的四季變化成為了季節性綜合咖啡豆主題

　　丸山珈琲不僅平常提供有約20款的單品咖啡，綜合咖啡商品更是種類豐富。除了固定商品、季節限定商品，還有直營店限定綜合咖啡豆，每年約提供30款項目供客人作挑選。

　　丸山社長道，就經營層面而言，減少商品種類雖然會比較有效率，但許多客人對綜合咖啡的評價都很高，更有客人會主動提出商品需求。

　　對此丸山珈琲備有多款綜合咖啡，向客人提供多樣化的風味類型及飲用場合，讓尚未深入了解咖啡的客人們也能感受到選購咖啡商品時的樂趣。

　　固定商品為澄澈且帶有甜味、清爽口感的淺焙「Dulce」（西班牙文「甜」的意思）；風味口感恰到好處的中焙「Cero」（西班牙文「零」的意思。帶有當客人選購時，作為基準判斷的烘焙程度含意）；讓人聯想到巧克力及焦糖的風味，充滿紮實質感的中深焙「Cremoso」（西班牙文「稠厚的意思」）；帶有強烈巧克力風味的深焙「丸山精選綜合咖啡」；以及以衣索比亞咖啡為主的綜合摩卡「茜菫」（中焙）5種品項。

　　正如同丸山社長所言，丸山珈琲固定的綜合咖啡商品以易於飲用為最大前提，以呈現出苦味、甜味、酸味、濃度的整體平衡絕佳的美妙口感為目標。提供有深焙、中深焙、中焙、淺焙等烘焙程度不一的咖啡，任一款皆具有獨自特性，並有著受普羅大眾喜愛的風味。

＊

陳列於店鋪的季節限定綜合咖啡。夏季售有「Woodnote」、「Verde」及「夏季限定精選綜合咖啡」。季節限定的精選綜合咖啡為使用當季嚴選咖啡豆的高單價商品。2014年夏季選用薩爾瓦多Monte Sion莊園、肯亞Thunguri、哥斯大黎加塔拉蘇及墨西哥Canada Fria莊園的豆子。為了讓客人易於想像咖啡的味道，更將咖啡豆的特徵描述標註於商品旁的立牌中。

綜合咖啡提供有100g、250g及500g三種包裝。採用能夠避光、防潮的包裝，更附有夾鏈功能，開封後封緊保存即可。平常都是於包裝袋貼上丸山珈琲的標誌貼紙，但針對配合季節活動所推出的特定綜合咖啡商品則會貼有色彩繽紛的貼紙（圖中裡側為配合「敬老日」所販售的「母親綜合咖啡」）。

Symphonia是以秋季輕井澤的楓葉為概念所調配的中焙綜合豆，其風味特徵為帶有層次感的多重、華麗元素。丸山社長表示，該款咖啡豆就好比被紅、橘、黃3色暈染的楓葉漸層，以及交響曲（Symphony）曲調融合其中，因此賦予了此「Symphonia」商品名。

此外，Noche則是西班牙文「夜晚」的意思。丸山社長道，這是一款想於秋天長夜邊悠閒閱讀、邊細細品嚐，充分展現沉靜氛圍的深焙咖啡。

「Symphonia」及「Noche」雖然每年都會作為秋季綜合咖啡商品提供給顧客，但每年所進貨的咖啡豆狀態不同，因此會調整綜合咖啡豆的產地及比例。對此丸山珈琲會明確定義各商品的概念，並讓所有人員充分掌握，每年都提供能夠帶出該商品印象的風味（綜合咖啡）給客人選購。

另外，夏季綜合咖啡提供從樹叢傳來的鳥鳴聲為印象的清爽中焙「Woodnote」及想要表達充滿生氣的濃郁綠意的深焙「Verde」。

冬季則售有以充滿透明感的冬季輕井澤為主題的「Diamond Dust」（深焙）及「Diamond Dust Light」（中焙）。任一款都是以丸山珈琲發祥地─輕井澤的大自然為概念元素的獨特商品。

丸山社長表示，雖然丸山珈琲提供多款單品咖啡，但對於不熟悉咖啡的客人而言，要挑選單品咖啡難度較高。而綜合咖啡似乎讓客人覺得較好入門，零售的單品對綜合占比也是4比6，綜合咖啡較受歡迎。希望客人能夠先以融合有多種種類的綜合咖啡為入門，進而發掘咖啡的深奧。

敬老日：日本傳統節日之一，日期為9月的第3個星期一。

▶丸山珈琲的固定、季節綜合咖啡商品

固定綜合咖啡（2015年7月時的調配比例。使用的豆子會依期間不同有所調整）

- **Dulce**（淺焙）

  ……不僅能充分感受到淺焙應有的特徵，潔淨口感讓甜中帶有清爽滋味。

  哥斯大黎加（淺）6：玻利維亞（淺）4

- **Cero**（中焙）

  ……能夠品嚐到精品咖啡所呈現出的清爽風味外，

  更同時具備滑潤質感，兩者搭配恰到好處。

  並會讓客人以該款綜合豆為基準，挑選喜愛的烘焙程度。

  薩爾瓦多（中）6：巴西（中）4

- **Cremoso**（中深焙）

  ……帶有濃郁且紮實的質感。酸味較不明顯，讓人聯想到巧克力或焦糖的風味。

  瓜地馬拉（中深）6：巴西（中）3：玻利維亞（深）1

- **丸山精選綜合咖啡**（深焙）

  ……能夠更充分感受到中深焙咖啡所具備的巧克力口感，

  並帶有香料及水果乾風味。

  薩爾瓦多（深）4：瓜地馬拉（深）2：哥斯大黎加（深）2：蒲隆地（深）2

- **茜菫**（中焙）

  ……以具備華麗口感的衣索比亞為基底的摩卡綜合咖啡。

  2015年春季為止僅提供作為季節性綜合咖啡商品，

  自2015年7月變成為固定商品供客人選購。

  衣索比亞（中）4：巴西（中）3：薩爾瓦多（中）3

丸山精選綜合咖啡

「丸山精選綜合咖啡」為丸山社長推出的首款綜合豆商品，1991年初次販售時，混合了哥倫比亞、巴西及坦尚尼亞3種咖啡豆。調配比例雖然會依豆子的進貨狀況進行調整，但自開賣以來一直都是丸山珈琲的熱賣商品。

季節綜合咖啡（2014年所調配的商品。每年使用的豆子會有所變化）

春 ● 茜菫（中焙）……以紫花地丁的香氣為概念，充滿華麗元素的風味。

　　　衣索比亞（中）7：哥斯大黎加（中）3 ※茜菫自2015年7月起納入固定商品。

- **Magnolia**（深焙）……以日本玉蘭的堅韌為概念。苦中帶有強烈的甜味為該款商品的特徵。

  瓜地馬拉（深）4：宏都拉斯（深）3：哥斯大黎加（深）2：哥斯大黎加（極深）1

夏 ● **Woodnote**（中焙）……以從樹叢傳來的鳥鳴聲為印象的清爽風味。

　　　玻利維亞（中）6：巴西（中）3：厄瓜多（中）1

- **Verde**（深焙）……以夏季濃郁綠意為概念，同時具備清爽及厚實兩種對立元素。

  玻利維亞（深）6：宏都拉斯（深）2：印尼（深）1：薩爾瓦多（深）1

秋 ● **Symphonia**（中焙）……以輕井澤的楓葉為印象概念，帶有多重香氣，相當華麗。

　　　巴西（中）6：瓜地馬拉（中深）2：衣索比亞（中）1：薩爾瓦多（中）1

- **Noche**（深焙）……概念為「適合於秋夜啜飲的咖啡」，帶有相當沉穩的口感。

  玻利維亞（深）4：玻利維亞（中深）2：薩爾瓦多（深）2：哥斯大黎加（深）2

Diamond Dust Light

冬 ● **Diamond Dust Light**（中焙）……帶有水果風味，輕盈的口感。

　　　宏都拉斯（中）6：哥斯大黎加（中）3：肯亞（中）1

- **Diamond Dust**（深焙）……以輕井澤的冬季為概念。追求透明感及爽快感。

  哥斯大黎加（深）4：宏都拉斯（深）4：薩爾瓦多（深）2

Diamond Dust

自2005年起，開始配合季節，販售3款季節綜合咖啡。圖中是以冬季輕井澤為印象所調配的咖啡商品。「Diamond Dust Light」為中焙，讓人聯想到柳橙及杏桃風味。「Diamond Dust」為深焙，帶有牛奶巧克力、黑巧克力風味。

▶丸山珈琲的調配綜合咖啡商品過程

（2014年秋季綜合咖啡商品實況）

圖為2014年秋季綜合咖啡所使用的咖啡豆。Symphonia以較易品飲的巴西豆作為基底，融合帶有焦糖風味的薩爾瓦多、酸苦味平衡極佳的瓜地馬拉、及富含水果酸味及花香的衣索比亞豆，讓人聯想到楓葉的華麗口感。Noche則是使用具有濃郁黑巧克力風味的玻利維亞豆為基底，加上具備濃度的薩爾瓦多及富含優質酸味的哥斯大黎加豆，帶出了口感深度。

Symphonia

Noche

Symphonia

（由上至下）

衣索比亞（中焙）
薩爾瓦多（中焙）
巴西（中焙）
瓜地馬拉（中深焙）

Noche

（由上至下）

玻利維亞（中深焙）
薩爾瓦多（深焙）
玻利維亞（深焙）
哥斯大黎加（深焙）

1 由4位烘豆人員不斷嘗試，向丸山社長提出了2014年2款秋季綜合咖啡「Symphonia」及「Noche」的配方提案。Symphonia為巴西（中焙）5：瓜地馬拉（中深焙）2：衣索比亞（中焙）2：薩爾瓦多（中焙）1的調配比例。Noche的比例則為玻利維亞（深焙）4：玻利維亞（中深焙）2：薩爾瓦多（深焙）2：哥斯大黎加（深焙）2。若此提案經丸山社長確認批准的話，便可製成商品。

2 丸山社長進行烘豆人員所提出方案的確認。將依照方案所調配的綜合咖啡研磨，首先嗅品研磨咖啡豆的香氣。丸山社長確認後，認為Symphonia帶有華麗的香氣。杯測時，各準備2個杯測碗供Symphonia及Noche使用。混有缺陷豆的可能性雖然極低，但是仍有發生的機率，因此一般會準備1個以上的杯子進行杯測。

3 品嘗綜合咖啡的順序同一般杯測法（杯測法請參考第48頁）。於杯內倒滿熱水，確認杯中粉末浮至表面形成薄膜（Crust）狀態及以湯匙攪拌表面粉體薄膜（BREAK）狀態時的咖啡香氣。

4 確認完香氣後，實際將咖啡液含入口中品嘗味道。丸山社長品嘗後表示，左側的杯子為Symphonia，右側則是Noche。並道，Symphonia和平常的味道有些許差異，我了解烘豆人員想要充分表達鮮豔楓葉的情境，但若過於華麗的話，會和摩卡綜合咖啡的『茜菫』相衝突，因此須特別留意。其中衣索比亞留有的印象較為強烈，建議將比例由2調整為1，基底的巴西豆則變更為6。對於本次的Noche，丸山社長則認為比去年更加美味，Noche的精神也充分顯現，同意就依照提案的比例來製作。

5 調整Symphonia的比例後重新杯測。將衣索比亞豆的比例減為1後，不僅留有華麗風味，更增添了沉穩的口感。丸山社長回應：「沒錯！這才是丸山珈琲的Symphonia。方才採用2成衣索比亞豆時，雖然帶有相當強烈的華麗感及香氣，但調整比例後的Symphonia才是其應有的風味。」，由於每年進貨的咖啡豆狀態不一，因此調配季節綜合咖啡時也會調整當年度採購豆子的產地及比例，但透過將味道調整使其符合該商品應有的概念，提供穩定的咖啡味道，滿足客人們的信賴及期待。

1加1大於2 !?
調配綜合精品咖啡

丸山社長表示，在25年前接觸咖啡產業時，首先學到的便是混合豆及綜合豆的差別。若只是將豆子混在一起，那麼僅稱得上是混合豆，只能發揮1加1等於2的效果。

而綜合豆的1加1卻能夠成為3或4。透過比例的調配，讓咖啡豆衍生出超出預期的風味，便是綜合豆。丸山社長也相當認同此看法。

而最近市場上出現了不少風味獨特的咖啡，更有許多以單品飲用更加美味的咖啡豆商品，或者該說因為特徵過於強烈，若作為綜合咖啡的話，將無法確保味道的平衡。

讓人思考接下來調配綜合豆是否會越來越困難？但丸山社長不僅持相反意見，反而認為綜合豆更容易凸顯各國咖啡豆的特色，並表示調配綜合豆的作業越來越有趣了。

丸山社長更從近期選豆的習慣彙整了一些調配綜合咖啡豆的心得。供各位讀者作參考。

●巴西
──綜合咖啡的最佳配角

過去巴西豆便被用來作為綜合咖啡的熱門豆種，即便是目前精品咖啡潮流當道，巴西豆仍是綜合咖啡的最佳配角。

大多數巴西所產的咖啡豆酸味都不會過度強烈，且具備相當柔和的口感。將巴西境內所產，因強烈酸質、具有獨特風味的卡爾穆‧迪米納斯地區咖啡豆和中美或非洲高海拔所產的咖啡豆相比，味道可說是略顯溫和。

巴西豆的柔和不僅能充分凸顯豆子本身具備的強烈特色，更可讓整體口感趨向柔順。只要有純淨、柔和酸質及豐富甜味的巴西，便能調配出更多美味的綜合咖啡種類。中美的咖啡種類當中，薩爾瓦多及宏都拉斯的咖啡豆也同樣有著能將綜合咖啡帶出更多可能性的特質。

●瓜地馬拉、哥斯大黎加
──調配出主要風味

一般在調配綜合豆的主要風味時，多半會選用瓜地馬拉及哥斯大黎加的豆子。兩者皆屬高海拔咖啡豆，予以中焙後，能夠帶出豐富的酸質及水果風味，形成綜合咖啡的特徵。

●哥倫比亞
──增添足夠的濃郁感

哥倫比亞的豆子可稱為萬能選手，最讓人印象深刻的特徵便是帶有柔順感的濃郁度。予以中焙或深焙，其具深度的濃郁都可以為綜合咖啡帶來加分。無論作為主角或配角，屬於都能夠充分發揮的豆子。然而，優質的哥倫比亞豆價格也相當可觀。

●肯亞
──增添華麗印象

肯亞雖為能一口氣提升綜合咖啡水準的魔法咖啡豆，其價格也相當昂貴。若能以2成的比例調配，便可讓綜合咖啡搖身一變，不僅充滿水果風味，更帶有多層次口感。除了風味，質感也會明顯提升，常常被用於想要凸顯獨特風格的季節綜合咖啡商品中。

●衣索比亞、印尼
──為綜合豆帶出震撼

分別於綜合咖啡添加各2成的衣索比亞及印尼豆，會一改綜合咖啡的風格，轉變成為讓人充滿震撼的咖啡豆。

衣索比亞豆帶有穩重及充滿花香感，而印尼豆則具備強而有力的濃郁，這兩種咖啡豆也可用來創造季節性綜合咖啡該有的效果。將衣索比亞豆改用盧安達或蒲隆地的咖啡豆也可以得到相同的成效。印尼豆則可選擇以具備香料風味的巴布亞紐內亞豆作替代。

搭配節日活動推出的綜合咖啡商品！

丸山珈琲除了提供有季節性的固定綜合咖啡外，更會提供聖誕節、情人節、母親節及父親節等，搭配各種節日所調配的精選綜合咖啡商品。

▶以「向日葵」為主題製作的綜合咖啡

1 從主題想像味道，決定基底咖啡豆

和工作人員們一同檢討「向日葵」帶給人的感覺。在討論中有提到「樸實」、「嫻靜」及「放晴之日時所散發的華麗」等印象。因此丸山社長決定以帶有花香的豆子為基底，選用了有著「咖啡女王」之稱的衣索比亞・耶加雪菲。

2 搭配基底豆種選定其他咖啡豆

選擇了3款能夠搭配衣索比亞・耶加雪菲，又具備「樸實」、「嫻靜」特質的豆子，分別為有著華麗印象的瓜地馬拉Esperanza莊園、同樣有著黑巧克力、莓果風味的瓜地馬拉El Pulte莊園，以及讓人聯想到熱帶水果的宏都拉斯咖啡豆。以衣索比亞對其他豆種6比4的比例進行調配。

3 杯測

針對3種組合，丸山社長確認了咖啡豆研磨後的狀態、注入熱水後攪拌粉體薄膜時的狀態、以及實際品嚐的味道。不僅要美味，還需邊搭配向日葵所該有的印象，尋找最佳的組合。

4 重新調整印象及味道

丸山社長品嚐後表示，和宏都拉斯豆的組合整體味道不錯，相當容易入喉。但若能夠再添加一味的話，有機會讓此組合的表現更加突出。因此選擇於衣索比亞・耶加雪菲對宏都拉斯6比4所調配而成的基底中，添加其他豆種。

5 再次調配豆子

咖啡豆的入選名單為瓜地馬拉Esperanza莊園、香氣豐富的肯亞豆、充滿黑巧克力風味的瓜地馬拉Sacixm莊園，以及濃度極高的印尼豆。以基底綜合咖啡對新豆8比2進行調配。搭配印象以2款咖啡豆紮實地呈現出基底風味，再另外添加其他種類豆子增添風味是調配綜合咖啡的重點。

6 重新杯測

僅透過添加2成占比、額外選出的咖啡豆，便讓口感深度增加。丸山社長認為，較接近本次商品印象的為瓜地馬拉的Esperanza或Sacixm。肯亞豆雖然美味，但成本價格昂貴，會使得售價拉高。但要從Esperanza及Sacixm中擇一實在相當困難，需透過不斷杯測來摸索最佳組合，更決定改以法式壓壺或滴濾等萃取方式來評判。

咖啡店工作二三事 **5** ● 萃取① 義式濃縮咖啡

義式濃縮咖啡

對原料的理解程度會呈現於味道之中

丸山珈琲不僅有著種類豐富的精品咖啡商品，更擁有許多於日本咖啡師大賽（Japan Barista Championship；JBC）等競賽中獲獎，極為優秀的咖啡師陣容。

但丸山珈琲初次引進義式濃縮咖啡設備為2002年，開始致力於培育咖啡師則是從2006年，令人意外丸山珈琲的義式濃縮咖啡歷史相當短暫。

丸山社長表示，自1990年代後期，雖然將目光轉向咖啡產地，增加了前往南美及非洲生產國的次數，前往之際必須於歐洲或美國中轉，因此自然而然地增加了許多造訪消費國的機會。

在視察當地咖啡店時，強烈感受到義式濃縮咖啡飲品的重要性。讓丸山社長至今難忘的便是加拿大溫哥華的「Caffe Artigiano」及美國波特蘭的「Stumptown Coffee Roasters」。

吧檯內的4位咖啡師們全力操作著2台4孔沖煮頭的義式半自動咖啡機，卻仍人聲鼎沸，等待購買咖啡的人潮更排至店外。當丸山社長看到此盛況時，便認為日本的義式濃縮咖啡時代也即將來臨。

*

而對義式濃縮咖啡毫無概念的丸山社長首先進行的，便是尋找「咖啡師的講師」。

丸山社長道：「工欲善其事，必先利其器」。對此丸山社長便開始思考，要在公司內部培養咖啡師的話，究竟要邀請怎樣類型的講師呢？而當時咖啡師區分成三大派系，首先為BAR文化發祥地的義大利派、接著是引領第二波咖啡浪潮（Second Wave）的西雅圖派、再者為世界盃咖啡大師競賽（World Barista Championship；WBC）常勝軍的北歐派。最後，丸山珈琲選擇聘請擔任講師的是丹麥出身，2002年榮獲WBC冠軍的Fritz Storm。

左／相較於店家一般會以深焙的咖啡豆沖製義式濃縮咖啡，丸山珈琲為了呈現精品咖啡的風味，改選用中深焙或中焙的豆子，充分帶出讓人聯想到水果風味的酸味更是丸山珈琲義式濃縮咖啡的特色。但丸山社長表示，過度強調酸味的話，不喜歡酸的客人會敬而遠之，因此最近重新調整了烘焙方式及調配比例，讓整體風味更偏甜一些。義式濃縮咖啡的味道會根據客人的反應每日進行改良。

觀察泡沫油脂（Crema）狀態便可知道一杯義式濃縮咖啡的品質。確認重點為是否呈現漂亮的茶褐色、是否帶有光澤、以及是否具有厚實感等。即便萃取時間只有短短的20～30秒，但開始萃取及結束時的味道也會有所差異，因此品嚐咖啡時，務必以湯匙攪拌，讓杯子底部及上方的咖啡液充分混合。

丸山社長表示，北歐的義式濃縮咖啡自當時起便都是使用較淺焙的咖啡豆，讓人覺得該文化特質在於凸顯優質原料的味道。丸山珈琲最大的特色在於主打精品咖啡。義式濃縮咖啡同為展現精品咖啡魅力的方式之一，也讓丸山社長深信，若沒有具備咖啡豆的知識，就無法沖泡出美味的義式濃縮咖啡。

而Fritz在實際教授時，讓丸山社長了解到義式濃縮也是咖啡的呈現方式之一。當初雖然相當著重沖煮把手中所裝的咖啡粉量、以填壓器施壓的次數以及萃取時間等，但這些都不是評判咖啡是否美味的絕對基準。Fritz起先來到店裡時，將目光落在咖啡豆上並說：「你怎麼有辦法拿到那麼多高品質的咖啡豆？如果有這麼棒的豆子，那一定要多製作一些咖啡。」，丸山社長也相當認同Fritz的想法。

＊

在丸山珈琲，並沒有制訂萃取義式濃縮咖啡的指導手冊。擔任東京Seminar Room經理職務的櫛濱健治咖啡師便表示，丸山珈琲不會說沖煮把手裡面需要裝多少的咖啡粉量才是正確的，份量必須根據選用的豆子種類及鮮度予以調整。

最重要的是充填於沖煮把手內的咖啡風味是否能充分呈現。若要引出選用豆款原本的味道，就必須依照豆子的狀態及萃取環境狀態，隨時調整研磨方法及咖啡量。櫛濱咖啡師認為，這些應對都無法用文字寫入指導手冊。

詢問櫛濱咖啡師，若沒有某一底限的基準，沖泡出來的咖啡味道不會差異甚大嗎？他便道，基準是「咖啡的味道」，而非咖啡粉重量或時間。

譬如宏都拉斯咖啡是怎樣的味道？哥斯大黎加的咖啡又呈現怎樣的特徵，若能和工作人員們一同掌握目前所使用咖啡豆的應有味道，那就不太會產生差異。換個方式來說，若制訂指導手冊，但人員們不知道該款咖啡應有的味道，即便照著規定的重量及萃取時間沖泡咖啡，也無法判斷完成的義式濃縮咖啡是否美味。

　「義式濃縮是呈現咖啡的方式之一」。而展現丸山珈琲風格的，便是店內提供的「本日特選義式濃縮咖啡」。

　丸山珈琲會每天變換用來填入沖煮把手內所選用的咖啡豆。店內的咖啡師會依照該款豆子的特色，微調研磨方式及充填的咖啡粉份量。

　隨時提供約20款單品咖啡供客人選擇的丸山珈琲透過銷售，強化了工作人員的咖啡專業知識。

在丸山珈琲除了以精選綜合豆提供義式濃縮咖啡給客人外，還推出了每日精選咖啡豆的「本日特選義式濃縮咖啡」供客人選擇。另也提供可品嚐這2種義式濃縮的套組，讓客人能夠邊享受義式濃縮咖啡的同時，比較兩者間的差異。

▶研磨粒徑的調整

| 粗研磨 | 中研磨 | 細研磨 | 極細研磨 |

「粒徑（Mesh）」係指咖啡粉的顆粒大小。粒徑越細，咖啡的表面積越大，便更容易萃取出咖啡的成分，風味也較為濃郁。相反地，若粒徑越大，咖啡的表面積則越小，風味會較為清爽。上圖由左至右分別為粗研磨、中研磨、細研磨、極細研磨。部分店家甚至會更細分研磨粒徑的種類，名稱也可能有些許差異。此外，若磨豆設備型號不同，粒徑粗細的設定也會有所差異，甚至隨著研磨刀刃的磨耗程度，粒徑大小也會有所變化。因此丸山珈琲每間分店皆備有粗研磨、中研磨、細研磨、極細研磨的基準研磨樣本，以目視將研磨的咖啡粉及樣本進行比較，確認是否為相同的粒徑，努力維持穩定的品質。

▶義式濃縮咖啡的萃取步驟

1 填粉（Dosing）

將咖啡粉放入沖煮把手內的作業稱為「填粉」。需留意讓沖煮把手內均勻充滿咖啡粉，並小心勿將咖啡粉撒出把手外，填充入定量咖啡粉。

2 整粉（Leveling）

「整粉」係指利用手指或手掌將咖啡粉抹平。即使是再高階的咖啡機，當咖啡粉自咖啡機落下時，仍難以完全呈現平坦狀態，因此須在此階段調整咖啡粉的份量。

3

為了確保填充的咖啡粉量穩定，練習時須放置於磅秤上量測。丸山珈琲的雙份（Double）大約為18～22公克的咖啡粉使用量，並會依照豆子的種類及狀態進行微調。

4 填壓（Tamping）

將咖啡粉置入沖煮把手後，需使用專門的道具（填壓器）由上用力施壓，壓緊咖啡粉，此作業稱之為「填壓」。填壓時的重點為盡可能垂直施壓，並均勻地將咖啡粉壓平。

5

將沖煮把手嵌入義式濃縮咖啡機前，務必先讓設備流出2～3秒的熱水。如此一來才可讓下次萃取時，附著於設備萃取口的咖啡粉脫落，也可讓水溫調整為最適合萃取咖啡的溫度。

6 萃取

填充粉末、完成填壓後，立刻將沖煮把手嵌入咖啡機，進行咖啡液萃取。

「優良」萃取範例

「不良」萃取範例

萃取時間約為20～30秒。包含泡沫油脂，當萃取量達30ml時，便停止供給熱水。優良狀態的義式濃縮咖啡如同圖示，咖啡液會像蜂蜜一樣緩緩流下。這是透過名為9大氣壓力（9bar）的高壓，將咖啡的油分及水分乳化，帶出液體的黏稠度。

本圖為萃取時間過短的情況。由於熱水快速通過咖啡粉，導致未充分乳化，咖啡液呈現偏水狀。有可能是因為填充於沖煮把手內的咖啡粉粒徑過粗、或咖啡粉份量太少所致。但若拉長萃取時間，反而容易帶出多餘雜味，因此需特別注意。

▶義式濃縮咖啡的萃取設備及道具

選擇義式濃縮咖啡機的先決條件便是性能。熱水及蒸氣狀態穩定，能隨時製作優質義式濃縮咖啡及卡布奇諾是相當重要的。丸山珈琲為了鼓勵工作人員們參加世界盃咖啡大師競賽，積極導入大會指定的咖啡機。圖為「Simonelli Aurelia II T3」。

義式濃縮咖啡用的磨豆機「Simonelli Mythos ONE Clima-Pro」。咖啡粉粒徑粗細調整為旋鈕式，採無段式調節，內建冷卻風扇及加熱器，因此可將咖啡粉維持在一定溫度。

弧面

護欄

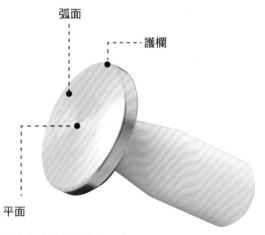

平面

丸山珈琲特製的填壓器「M Cruve Tamper」。填壓器可分成填壓粉末的面呈現水平及中心點至頂端呈現圓弧曲面2種類型。水平型在填壓時較容易垂直下壓，曲面類則是填壓時若產生些許歪斜也不會影響熱水流至中央的程度。M Cruve Tamper的設計為中央平面、護欄部位呈現圓弧曲面，因此保留了兩者的優點。並於邊緣側的護欄處取角度較大的設計，將接觸到沖煮把手的咖啡粉邊緣部分高度拉高，避免熱水流入金屬製沖煮把手及咖啡粉的縫隙中，藉此萃取出更均勻的咖啡液。

用來量測咖啡粉等的磅秤，可量至0.1公克的精度。在日本雖然會以即便不需要量測食材，也能維持一定品質來判斷人員的專業程度，但在歐美則習慣使用磅秤，以精準的份量沖煮咖啡，顯示一名咖啡師的專業。

調製卡布奇諾或製作拉花時必備的牛奶鋼杯。左為2杯量規格，容量為360ml，右為1杯量規格，容量為240ml。建議鋼杯為能夠倒入使用牛奶量雙倍的大小。

萃取②
卡布奇諾
利用牛奶襯托咖啡的3要點

日本開始將義式濃縮咖啡視為日常飲品約是在20年前。隨著引領著第二波咖啡浪潮的西雅圖派咖啡店「星巴克咖啡（Starbucks Coffee）」登日，讓義式濃縮咖啡商品席捲了日本飲料市場。

因此充分呈現牛奶香甜的卡布奇諾及拿鐵廣受大眾歡迎。其中能夠添加巧克力醬或楓糖漿的商品更讓義式濃縮咖啡深得民眾喜愛。目前可看到黑糖拿鐵、抹茶拿鐵等多項日本特有的咖啡品項。但在牽引著日本第三波咖啡浪潮的丸山珈琲店中，卻未提供多款使用牛奶，極具多樣化的品項供客人選擇。店內菜單只有「卡布奇諾」、「本日特選卡布奇諾」、「冰拿鐵」及「本日特選冰拿鐵」4項。

詢問丸山社長其因後，丸山社長道：「本店最大的特色為『咖啡』，菜單當然以咖啡為中心。由於牛奶與咖啡的搭配性極高，進而提供了卡布奇諾及冰拿鐵供客人選擇，但無論如何牛奶只是用來襯托咖啡的配角，因此在丸山珈琲並未提供以牛奶為主角的品項。」。

本日特選卡布奇諾是以選用當季咖啡豆的義式濃縮咖啡製成的卡布奇諾。相較於使用義式濃縮咖啡專用特選綜合豆所沖製而成的固定菜單「卡布奇諾」，本日特選卡布奇諾選用較偏淺焙的特選單品咖啡。也可說是從世界各產地直接採購優質咖啡豆才有辦法提供給客人的品項。

丸山社長表示，由於義式濃縮咖啡會帶出該產地咖啡應有的特色，因此決定販賣該品項時，很擔心若加入牛奶作成卡布奇諾，客人是否能充分掌握其差異。但客人們的味覺敏感度超出丸山社長預期，獲得大量丸山珈琲常客們的好評。自此丸山社長便深深體會到，要製作美味的卡布奇諾，就必須讓選用的咖啡豆特性完全展現出來，牛奶確實是成就卡布奇諾的要素之一，但主角仍是咖啡。因此，想要作出美味的卡布奇諾，並非

雖然卡布奇諾使用大量牛奶，但主角仍是咖啡。因此要製作美味的卡布奇諾，就必須先沖煮高品質的義式濃縮咖啡。

追求牛奶的美味，而是讓牛奶能夠襯托咖啡的風味。

*

怎樣的牛奶才能夠襯托咖啡的風味呢？櫛濱咖啡師列舉出以牛奶發泡的3項重點。

①牛奶溫度

當牛奶過熱，飲用時會感覺牛奶的液體及奶泡分離。那是因為發泡時間越長，液體溫度雖會上升，但以形成孔洞的奶泡溫度卻沒有升至相同溫度，此溫度差便會讓人感覺液體跟奶泡分離。此外，若牛奶溫度過高，將無法品嚐到咖啡纖細的風味，只會凸顯出苦味。在丸山珈琲，秉持著「適合飲用的溫度」原則，將牛奶的適當溫度設定為60～65℃。當然，丸山珈琲還是會依咖啡的種類，些微調整牛奶的溫度，以充分呈現咖啡應有的個性。因此該牛奶溫度為參考溫度。

②奶泡細緻度

當奶泡越細緻，飲用時越可體會滑順的口感。為何會有那麼多人喜愛卡布奇諾，其中一個理由便是不僅飲用時相當柔順，細緻奶泡為舌尖帶來的口感及奶泡包覆著咖啡的苦味及酸味，卻又能引出深層的甘甜。想要製作細緻的奶泡需要高度技巧，在丸山珈琲，要成為能夠提供卡布奇諾供客人品嚐的咖啡師至少需花費1年的時間，細緻的奶泡更是成就美麗拉花的必備元素。

③奶泡量

想要提高一杯卡布奇諾的完美度，定量的奶泡是不可或缺的關鍵。滑順的口感雖是享受卡布奇諾的樂趣之一，但若奶泡量不足，將無法品嚐出那獨特的質感，且奶泡量過少的話，牛奶液體量相對就較多，也會沖淡咖啡的味道。櫛濱咖啡師便表示，除了確保咖啡濃度須滿足一定水準外，奶泡的量也至少需要1公分的厚度。

打奶泡是一杯卡布奇諾是否成功的重要關鍵。要製作出柔軟的細緻奶泡，利用蒸氣管所噴出的蒸氣攪拌鋼杯中的牛奶，在以表面不產生泡沫的情況下，讓空氣逐漸進入牛奶之中是相當重要的。因此，蒸氣管放入鋼杯中的位置及角度都是關鍵。上圖為櫛濱咖啡師製作奶泡時的情景。櫛濱咖啡師將蒸氣管前端放入鋼杯中央偏右前方的位置，蒸氣全開後，邊視發泡情況，邊些微上下移動鋼杯。若頻繁移動蒸氣管，奶泡將會變粗，因此需特別注意。用手握扶住鋼杯底側及側邊，感覺達到適當溫度（60～65℃）時，便停止蒸氣。

挑戰拉花！

只需改變倒入牛奶的速度及角度，就可以讓杯中呈現充滿動感設計的拉花圖案。
在此介紹愛心、鬱金香、葉片以及帶葉鬱金香的基本拉花圖案。

▶描繪愛心

1　在將牛奶奶泡倒入義式濃縮咖啡之前，先將裝有咖啡的杯子傾斜，讓泡沫油脂集中到杯子邊緣，並同時搖晃裝有牛奶奶泡的鋼杯，讓泡沫及液體混在一起。

2　於杯子中央倒入牛奶，讓牛奶沉於泡沫油脂之下。

3　當液面高度達杯子8分滿時，將鋼杯前端靠近杯子，左右輕晃鋼杯數回。

4　鋼杯左右搖晃的頻率越快，牛奶奶泡的白色圓圈便會越大。

5　當液體快滿出來時，拉開杯子與鋼杯的距離，並由內向外以牛奶倒出一條細線。

6　稍微拉高鋼杯前端，用牛奶將圓從中央切開，確實收尾，讓愛心形狀充分顯現。

▶描繪三瓣鬱金香

1 於萃取義式濃縮咖啡的杯子中央注入牛奶奶泡。

2 當液面高度達杯子8分滿時,將鋼杯前端微微移動至杯子遠端,左右輕晃鋼杯數回,畫出泡沫油脂及牛奶奶泡的波紋。

3 當杯子表面浮上牛奶奶泡時,拉高鋼杯前端,以牛奶於中央描繪一個小圓圈。

4 接著在靠近身體側以3的步驟再描繪小一號的圓圈。每個圓圈需要有明顯的間距。

5 稍微拉高鋼杯,由內向外以牛奶倒出一條細線。

6 當完成切開每個圓圈中央的步驟時,拉高鋼杯前端。若想描繪細緻的拉花圖案,須維持固定姿勢注入牛奶,讓杯中的義式濃縮咖啡及牛奶能夠充分混合。

▶描繪葉片

1 於萃取義式濃縮咖啡的杯子中央注入牛奶奶泡。

2 當液面高度達杯子一半時,將鋼杯前端微微移動至杯子遠端,並靠近液面,接著左右大幅度搖晃鋼杯。維持固定的速度左右搖晃鋼杯,慢慢地縮小擺動幅度,將鋼杯前端由外向內移動。

3 當液體快滿出來時,稍微拉高鋼杯,由內向外以牛奶倒出一條細線。

4 將浮於表面的泡沫油脂及牛奶奶泡波紋從中央切開後,便可拉高鋼杯前端。若鋼杯左右搖晃的動作越細膩,泡沫油脂及牛奶奶泡的波紋便會越多層次。

▶描繪帶葉鬱金香

1 於萃取義式濃縮咖啡的杯子中央注入牛奶奶泡。當液面高度達杯子一半時，將鋼杯前端微微移動至杯子遠端，並靠近液面，左右輕晃鋼杯數回，於杯面大半處畫出葉片。

2 將浮於表面的泡沫油脂及牛奶奶泡波紋從中央切開，完成一片偏小的葉片。

3 於靠近手把處的杯面注入牛奶，畫出小圓圈。

4 轉動角度，再於靠近手把的另一端畫出第二個小圓圈，接著由內向外用牛奶倒出一條細線切開兩個圓圈，描繪出鬱金香的形狀。當要描繪2個以上的圖形時，圖形容易相互影響而造成變形，因此須特別注意描繪的位置及注入牛奶奶泡的時間點。

在丸山珈琲店中，提供有包含義式濃縮共計約50品項的咖啡菜單，其中約莫30項皆以法式壓壺製作。菜單的呈現也以法式壓壺商品為優先，以法式壓壺的萃取方式為主。

咖啡店工作二三事 **5** ● 萃取③法式壓壺

法式壓壺

能夠完整地享受咖啡的個性

丸山珈琲自2002年起開始提供以法式壓壺萃取的咖啡。丸山社長認為，在提供客人精品咖啡的同時，思考著有無更能充分呈現咖啡特徵的萃取方式，發現法式壓壺是最適當的方法。目前法式壓壺已是非常普及的萃取方式之一，但在當年的日本市場的知名度仍相當低，使用法式壓壺的咖啡專賣店更是少之又少。

丸山珈琲選用法式壓壺的理由為二。一為法式壓壺中的濾網為金屬材質。若使用金屬濾網的話，咖啡的油分及細微粉末無法完全過濾，會隨著咖啡液一同被萃取出。和以濾紙或法蘭絨過濾的咖啡相比，雖無法稱得上是清澈的口感，但卻能完整地表現出咖啡豆的個性。

其中，差異最為明顯的就是香氣。浮於表面的油分含有香氣成分，時而帶著果香、時而帶著花香，透過法式壓壺所沖煮的咖啡更能感受到其所散發出的纖細香氣。

另一理由為萃取咖啡作業變得相當簡單。丸山珈琲的事業核心為販售咖啡豆，因此企業成長的關鍵便是如何增加消費者於家中飲用咖啡的機會。丸山社長表示，若考量到如何降低消費者對於在家中沖煮咖啡相當困難的心理障礙，法式壓壺便是相當好的入門方式。

*

不過，當年開始使用法式壓壺時，並未受到客人的熱烈迴響。當時丸山珈琲同時採用滴濾及法式壓壺兩種萃取方式，並讓客人能夠選擇想要以何者沖煮咖啡。但在跟客人確認餐點時，事先告知「不知您是否能接受法式壓壺所沖煮的咖啡液表面會浮著一層油，咖啡的細粉也或多或少會參雜於咖啡液中？」後，大部分的客人都會改選滴濾咖啡。形成了雖然引進了法式壓壺，但客人卻對法式壓壺所沖煮的咖啡絲毫不感興趣，讓引進的成效相當不彰。

法式壓壺的組成為可裝熱水的壺體，以及附有金屬濾網上蓋的萃取工具。丸山珈琲所使用的法式壓壺為Bodum公司（丹麥品牌）製，容量為350ml。可以沖製2杯的咖啡。

浮於咖啡表面的油分中，含有香氣成分。相較於以濾紙或法蘭絨過濾，透過法式壓壺萃取更能將油分保留於萃取液中。

就在2003年之際，丸山社長毅然決然地停止提供滴濾咖啡，全數改採法式壓壺。丸山社長道：「那時真的是豁出去了（笑）。甚至還有被客人質疑『為什麼要這麼做呢？我不會再來了！』不過，我當下只是認為，若不這麼做的話，就無法傳達給客人知道丸山珈琲想要做的事。」

部分的常客更因為只剩法式壓壺可以選擇，便不再前往丸山珈琲。但丸山社長維持既有方針，貫徹獨特風格的經營方式，讓不再上門的客人再次進入丸山珈琲。逐漸地客人們也發覺到法式壓壺咖啡的美味之處，如今法式壓壺所沖煮的咖啡變成了丸山珈琲的一大特色。

在目前被稱為第三波咖啡浪潮的趨勢中，以法式壓壺萃取高品質咖啡雖也是主流方式之一，但丸山珈琲早在10年前便開始提供以法式壓壺方式提供咖啡，積極讓法式壓壺更趨普及。

▶法式壓壺咖啡的萃取步驟

1 於壺中置入咖啡粉（中粗研磨、16～18公克），加入熱水（94℃）至壓壺的一半高度（第一次加水）。

2 靜置約30秒。

3 30秒過後，再將熱水加至距離壺頂約1.5cm高處（第二次加水）。

4 蓋上上蓋，靜待3分30秒讓咖啡液充份萃取。

5 緩緩將濾網下壓。

6 確認味道後，將咖啡送至客人桌前。於桌邊為客人將咖啡倒入杯中，將法式壓壺置於其側。

▶冰咖啡的製作方式

1　2　3

冰咖啡

在丸山珈琲製作冰咖啡時，也是以法式壓壺萃取咖啡液。萃取步驟雖同熱飲方式，但使用的咖啡豆（中研磨）為28公克，是熱飲使用量的近2倍。萃取出咖啡液後，於裝有冰塊的咖啡分享壺上放置濾茶網，將萃取完成的咖啡予以過濾並透過冰塊急速冷卻。以攪拌棒攪拌，確認咖啡液充分冰鎮後，倒入裝有冰塊的玻璃杯中即可提供給客人享用。由於冰塊會沖淡咖啡濃度，因此需注意咖啡豆的使用量要多一點。

1　2　3

冰拿鐵

結合義式濃縮咖啡及冰鎮牛奶的冰拿鐵。於杯中裝入冰塊，將30ml萃取完成的義式濃縮咖啡倒在冰塊上，並添加冰牛奶。丸山社長表示「以冰塊將熱騰騰的義式濃縮咖啡急速冷卻，義式濃縮咖啡的風味也不會消失」。但因冰塊融化後，會讓拿鐵呈現水狀，因此丸山珈琲以保冷性較佳的雙層玻璃杯提供冰拿鐵讓客人享用。和義式濃縮咖啡及卡布奇諾相同，丸山珈琲也提供使用每日精選咖啡豆的「本日特選冰拿鐵」。除了上述品項，還提供了使用義式濃縮咖啡與水調合而成的冰美式咖啡供客人選擇。

在丸山珈琲店中，會將分享壺置於磅秤上，邊計時邊萃取咖啡液。

萃取④
滴濾

使用能夠同時萃取出咖啡油脂的金屬濾網

以金屬濾網「Cores」所沖煮的滴濾咖啡。仔細觀察後，會發現咖啡液上浮著一層油。和紙製及布製的濾網相比，金屬濾網更容易萃取出咖啡豆的油分，這些油分則富含著咖啡纖細的香味。

引進法式壓壺後，丸山珈琲雖然停止提供滴濾咖啡品項，但2013年12月開幕的西麻布分店，則讓滴濾咖啡重新現身於菜單之中。丸山珈琲會再次採用滴濾方式，是因為日本企業Oishi and Associates Limited成功研發出金屬製的滴濾用濾網「Cores」。

丸山社長表示，為了傳達精品咖啡原始的味道，一直尋覓著金屬製濾網。就在「Cores」上市後，重新將滴濾咖啡放入菜單品項之中。

此外，另一個理由是想提供客人更多元享受咖啡的方式。「丸山珈琲主打法式壓壺約10年，終於讓更多客人能在家中以法式壓壺享受丸山珈琲所提供的咖啡豆。而丸山珈琲便開始思考如何讓客人享受咖啡的多樣化，因此提供了以金屬濾網沖煮咖啡的方式供客人選擇。」

這幾年，第三波咖啡浪潮名詞當道，咖啡也受到高度矚目，客人對咖啡的知識也相對增加。丸山社長便認為，咖啡專賣店要能夠回應客人不斷進化的需求，隨時學習新技術及知識，提供吸引客人目光的新提案。2014年2月開幕的長野分店同西麻布分店，也提供有滴濾咖啡品項，希望藉此讓廣大客群瞭解享受品嚐咖啡的多樣性。

Oishi and Associates Limited所研發的「Cores」是用純金打造，以雙重加工方式製成的金屬濾網。使用方式和法蘭絨及濾紙幾乎相同。

▶滴濾咖啡的萃取步驟

1 於加溫完成的咖啡分享壺上放置濾網架及金屬濾網，於濾網中倒入咖啡粉（中研磨、21公克可萃取300ml）。

2 於咖啡粉中央處注入熱水（91℃），讓咖啡粉整體呈現濕潤狀態。第一次注入的熱水量和使用咖啡粉份量相同，約為21公克。

3 靜置約40秒後，第二次注入熱水。以畫圓圈的方式緩緩注入熱水，並注意不可超過黑色邊緣線。在咖啡液完全滴濾完之前，重複上述動作約3～5次。

4 萃取完成後，攪拌分享壺中的咖啡液使其濃度均勻，倒入杯中後，提供客人享用。

以高溫進行萃取的虹吸式咖啡，特色
為能夠強烈呈現咖啡香氣，咖啡油分
也較容易溶入咖啡液中。丸山社長認
為，在充分呈現咖啡豆性格的精品咖
啡時代中，虹吸式是相當符合潮流的
萃取方式。

咖啡店工作二三事 **5** ● 萃取⑤虹吸式咖啡壺

萃取⑤

虹吸式咖啡壺

高溫快速萃取方式能充分呈現精品咖啡的特色

　　虹吸式咖啡壺是利用水的氣化及液化（氣壓）變化萃取咖啡的器具。於下壺中倒入水後予以加熱，待沸騰後蓋上蓋子，下壺內的氣壓逐漸上升，熱水會爬升至上方的上壺。

　　爬升至上壺的熱水和咖啡粉接觸，透過攪拌使其混合，進行萃取過程。讓下方充滿蒸氣的下壺遠離熱源（火源）時，下壺內的氣體會受到外部空氣影響進而冷卻，氣壓便逐漸下降，並將上壺內的咖啡液抽回下壺中，這便是虹吸式咖啡壺的萃取原理。由耐熱玻璃所製成的上壺及下壺所組合而成的咖啡萃取道具相當具視覺效果，因此從以前便有大量的咖啡店選用虹吸式咖啡壺。

　　丸山社長也表示，其實我正式踏入咖啡業界後，最初提供給客人的咖啡也是用虹吸式咖啡壺沖煮的。

　　在丸山珈琲正式營業之前，丸山社長夫人娘家所經營的歐式民宿有放置虹吸式咖啡壺，最剛開始丸山社長便是以那組虹吸式咖啡壺沖煮咖啡。

　　但其後正式開幕的丸山珈琲雖提供有滴濾、法式壓壺、義式濃縮等多種沖煮方式，卻沒有虹吸式咖啡壺。丸山社長道：「雖然在我之前的世代曾經相當流行虹吸式咖啡壺，但當我開店時，虹吸式咖啡壺風潮已退。那時深焙咖啡受到極大歡迎，要沖煮美味的深焙咖啡則需要低溫萃取。以低溫慢慢地萃取，才有辦法帶出咖啡的甘甜及濃郁。然而，虹吸式咖啡壺屬於超過90℃的高溫快速萃取方式。我當時也認為虹吸式咖啡壺並不適合深焙的豆子。」。

＊

　　但進入21世紀，當精品咖啡開始受到關注後，能夠呈現咖啡豆特性的淺焙～中焙的烘豆方式成為主流。

　　此外，從2007年左右開始，國外能夠選擇萃取方式的咖啡店在消費者間引起話題，滴濾及虹吸式咖啡壺開始受到矚目。此

由2種不同形式的玻璃球上下組合而成的虹吸式咖啡壺。下方的球狀玻璃容器（圖片前側）稱為「下座」或「下壺」。上方筒狀玻璃容器（圖片後側）則稱為「上座」或「上壺」。

虹吸式咖啡壺的熱源區分成酒精燈與瓦斯爐的火焰以及光熱形式的電熱兩大類型。圖中為BONMAC公司所推出，使用鹵素加熱管的五合一電熱式虹吸壺，該設備也同時為日本虹吸式咖啡師大賽（Japan Siphonist Championship；JSC）等賽事的指定機種。

股風潮也吹進了日本，讓許多咖啡店也開始提供客人選擇萃取方式的經營模式。

丸山珈琲雖然主要是提供以法式壓壺及義式濃縮方式所萃取的咖啡，但在2013年西麻布分店開幕之際，也決定於部分分店引進滴濾咖啡（使用金屬濾網）。

此外，2014年秋季開幕的MIDORI長野分店更將虹吸式咖啡壺的萃取方式放入菜單品項中。在丸山珈琲，除了重視操作義式濃縮咖啡機的咖啡師們外，也積極地培育能夠精準掌握虹吸式咖啡壺的人員。

丸山社長認為，滴濾及虹吸式咖啡壺等過去曾經流行過的萃取方式風潮再次吹進日本，重新引來關注。此外，以淺焙的方式才能充分帶出精品咖啡豆的特性，高溫快速萃取的虹吸式咖啡壺同樣能展現精品咖啡應有的魅力。

因此，丸山珈琲為了追尋新突破，也決定挑戰看看虹吸式咖啡壺，最終目的都是希望客人們能夠透過多方探索，享受咖啡所帶來的樂趣。

圓盤金屬零件上包覆有過濾布的虹吸壺用法蘭絨濾網。濾網的珠串掛鉤會如圖中所示，通過上壺的圓柱體垂吊至下方，使其固定於上壺內，再利用勺子等工具確實下壓濾網。

▶虹吸壺咖啡的萃取步驟

1 於下壺注入水後加熱（圖為一杯容量160ml）。將濾網確實安裝於上壺。在水沸騰之前，將上壺斜插入下壺中，濾網珠串的部分會產生細泡，不僅能預防突然沸騰，也可以目視確認沸騰狀況。

2 熱水沸騰後，於上壺倒入中細研磨的咖啡粉（15公克），將上壺確實固定放置於下壺之上。下壺內的氣壓上升，熱水會開始向上方的上壺爬升。當一半的熱水爬升至上壺後，以勺子將咖啡粉及熱水攪拌，將氣泡撥至旁邊，讓咖啡粉浸漬於熱水之中。攪拌動作不僅有將粉末左右攪動，還需以上下翻動的方式使其充分循環。

3 在下壺的熱水快要完全爬升至上壺之前停止攪拌動作，靜置20～30秒，讓咖啡充分萃取。此時會呈現咖啡液、咖啡粉及氣泡3層分離的狀態。

4 關閉熱源，進行第2次攪拌。在咖啡液要回流至下壺時，需多次以勺子攪拌，避免細微粉末堵塞住濾網地進行過濾。

5 在遠離火焰（熱源）一段時間後，下壺內的氣體逐漸冷卻，氣壓也會下降，此時上壺內的咖啡液會回流至下壺中。

6 咖啡液完全回流後，取下上壺，將下壺中的咖啡液倒入杯中。水沸騰至倒入杯中的所需時間約為1分10秒。能夠快速提供給客人享用也是虹吸壺咖啡的特點。

咖啡競賽及咖啡師的培育

培養精品咖啡的傳道者

2014年於義大利里米尼舉辦的WBC中，表現精彩榮獲冠軍的井崎英典咖啡師。除了親身前往咖啡產地，更不斷和生產者檢討，確認土壤、品種及生產處理方式，生產出適合義式濃縮咖啡的夢幻咖啡豆。以連結咖啡師及生產者為主軸的介紹方式獲得評審一致讚揚。

日本咖啡師大賽（JBC）是為了培養更多能夠推廣精品咖啡的咖啡師，讓精品咖啡更為普及的賽事。JBC是自2002年起，由日本精品咖啡協會主辦的咖啡競賽。

參賽者須在限時15分鐘內，以義式濃縮咖啡、卡布奇諾以及使用義式濃縮咖啡的創意飲料「Signature Bevarage」3種類調配出4杯飲品。

除了味道，沖煮過程的每一步驟是否適切、正確、連貫都在評分範圍，優勝者便能代表日本前往參加隔年舉辦的世界盃咖啡大師競賽（WBC）。

丸山珈琲每年都有多名咖啡師出賽JBC，從2009至2013年連續5年皆有優勝者來自丸山珈琲，並前往WBC參賽。特別是2014年6月的WBC大賽中，井崎英典咖啡師成為首位獲得冠軍的日本人，引起相當熱烈的討論。同年9月舉辦的JBC賽事中，鈴木樹及櫛濱健治2位咖啡師也挺進決賽，分別獲得第3名及第5名的好成績。

*

參賽選手在準備介紹時，首先必須面對的即是選豆問題。鈴木咖啡師便表示，在選豆的過程中，由於丸山珈琲隨時備有約20款的精品咖啡豆，社長也說可以任意使用喜歡的豆種，讓參賽者在準備上有著相當優越的條件。

鈴木咖啡師在參加2014年的JBC時，選用了玻利維亞Agro Takesi莊園的咖啡豆。鈴木咖啡師甚至表示：「Agro Takesi莊園的豆子真的很有趣，自從2009年第一次接觸以來，每年萃取時都能夠有新發現。本次我的主題便是將Agro Takesi的美好透過咖啡呈現。不僅在義式濃縮咖啡時講究乾淨度，也希望在杯測時能完美表現，對於Agro Takesi的所有感受都能傳達出去。」。

另一方面，櫛濱咖啡師選用了衣索比亞的Tchembe。會決定

選用該款豆子，據說是因為店內提供「本日特選卡布奇諾」的緣故。在驗證搭配牛奶後的義式濃縮咖啡時，發現以Tchembe製作的卡布奇諾咖啡液黏稠度增加，並帶有香蕉奶昔的風味。

櫛濱咖啡師表示：「當知道不同的豆種竟然可以完全改變以往對卡布奇諾的印象時，感到相當震驚。也讓我決定調整卡布奇諾及義式濃縮咖啡的萃取方式。也希望透過JBC大會讓與會者都能感受到我所經歷的震撼。」。

當決定使用豆種後，便必須驗證烘焙方法、靜置天數及萃取方式，以完全地呈現該款咖啡豆的最大魅力。而自身有著烘焙工坊的丸山珈琲在此方面便具有優勢。能夠透過與烘焙人員的不斷檢討，以各種條件嘗試烘焙，追尋理想的風味。

鈴木咖啡師更表示，若要參加競賽時，就必須不斷自問，使用此款豆子能夠表達什麼，直到找出答案。雖然面對「為何會選用此款豆子呢？」的提問時，大部分的人都會回答「因為喜愛這款豆子的味道」。但鈴木咖啡師認為在答案的背後一定有著更深層的理由。

身為咖啡師就必須徹底了解，甚至回想自己初次接觸咖啡之際，或者成為咖啡師的目的為何，不斷自問自答，才能真正和咖啡面對面。

針對參加大賽的目的，丸山社長認為，日常工作雖然能夠磨練相關技術，但競賽時，不僅能夠集中精神，還能將潛力充分發揮。除了完全面對自己平常的工作，透過練習日益熟悉工作內容後，相對也能提升管理能力。因此競賽對於培育人員是個絕佳機會。

咖啡師是咖啡的傳訊者。要向全世界宣揚精品咖啡，咖啡師的重要性日益增加。在丸山珈琲，對於培育精品咖啡傳訊者更是義不容辭。

2014年JBC準決賽時的情景。鈴木樹咖啡師除了是2010及2011年JBC的冠軍外，也參與了2011年及2012年WBC（2011年哥倫比亞波哥大大賽的53個參賽國中獲得第5名；2012年奧地利維也納大賽的54個參賽國中獲得第4名）。目前的身分除了是咖啡師外，更身兼零售事業統籌，協助東京、神奈川、山梨等4間分店的整體營運規劃。

櫛濱健治咖啡師為2009年Japan Latte Art Championship（JLAC）的冠軍，製作出的卡布奇諾獲得相當高評價。目前除了咖啡師身分外，更兼任丸山珈琲東京Seminar Room經理，負責企劃研討會、擔任講師，透過各類型宣傳活動推廣普及精品咖啡。

關於丸山珈琲

1991年，借用友人所經營的飲料店開張營業的丸山珈琲，
目前已於長野、山梨、東京、神奈川等縣展開9處咖啡分店。
並努力成長茁壯，是有著45名正職員工（包含計時人員共計140名）的咖啡企業。
丸山社長表示，丸山珈琲最大的優勢
在於透過獨立的購買通路，採購精品咖啡豆。
讓更多客人能夠品嚐到精品咖啡，了解咖啡的美味精髓。
會如此積極拓展分店，便是希望能將日本市場
尚不熟悉的優質咖啡豆介紹給更多的客人品嚐享用。
在舒適悠閒的環境下，咖啡師以精湛的技術，
萃取嚴選自產地的極品咖啡。
頂級商品、到位的服務以及奢侈的享受空間
都是丸山珈琲用來提高品牌印象，加強咖啡豆銷售實力的元素。

開設店鋪・成立組織

在傳達精品咖啡的路上

　　丸山社長笑稱：「比起咖啡，其實我原本更愛紅茶呢！」，高中畢業後，周遊印度、英國等世界各地的丸山社長和咖啡的緣分始於回國後於飲料店打工之際。

　　婚後索性遷居至社長夫人娘家所在處的長野・輕井澤。於1991年4月，借用友人經營的飲料店「柊」（輕井澤町追分），開始了「丸山珈琲」的營業。

　　會立志成為專業烘焙師則是因為在東京的某一自家烘焙咖啡店中，體會到咖啡所蘊含的美味而深受感動。起初使用中華炒鍋，接著改用手網，進而使用手動烘豆機，進行極少量的烘焙。其後又希望能有大型設備，因此以打工儲蓄，購買了富士珈機（Fuji Koki）所生產的3公斤烘豆機。

　　丸山社長更表示：「我想要開一間被尊稱為『名店』的咖啡店，這個想法促使我投入烘焙事業。」，丸山社長更每數個月便將以3公斤烘豆機所烘焙的咖啡豆委請東京都內經營自家烘焙咖啡店的店長確認味道，以自我風格鍛鍊烘焙的技術。當時，丸山社長過著早上烘焙豆子、中午經營飲料店、晚上配送咖啡豆，早出晚歸的生活。

　　「即便每天被工作追著跑，仍感覺相當充實。」丸山社長回憶著當時道：「現在回想起那時，總感覺只接觸到咖啡世界的一小部分而已。」。

　　而就在1999年機會降臨，丸山社長得知一個由自家烘焙咖啡店經營者們所組成的「珈琲屋通信論壇（Mailing list）」（「咖啡夥伴學堂」的前身，也是目前的「Japan Roasters' Network」），並成為該團體的成員之一後，獲得交換咖啡資訊的管道，並透過該團體認識了美國精品咖啡協會。

　　2001年，丸山社長參加了美國精品咖啡協會所主辦的研討會，自此發現全球咖啡業界比自己的想法超前許多。

　　丸山社長道：「過去一直認為透過貿易商等業者購買咖啡豆是理所當然的，但全球頂級的咖啡店經營者們竟是親自前往產地，直接選購咖啡豆，當時以日本第一為目標的我對此感到相當惶恐。」。

以發祥地輕井澤森林為概念的品牌商標，丸山珈琲第一個英文字母「M」藏於其中。

丸山珈琲的咖啡豆商品雖然會隨著季節有所變化，但平常提供有約30款商品供客人選購。商品的基本概念可區分為3大主題，分別為以介紹各國產地中，特別優質的莊園、生產者所栽培咖啡豆的「Grand Cru（特級品）」、介紹充滿特色的單一莊園或生產處理廠咖啡豆的「Signal」，以及固定及依季節調整的「Blend」。

店內設有提供試飲桌。桌上擺有沖煮當季咖啡的法式壓壺及紙杯，以自助方式提供約5款的咖啡讓客人試飲。

不僅如此，在參觀了加州「Peet's Coffee & Tea」的烘焙工廠後，受到更大的衝擊。裝有咖啡生豆的麻布袋堆積如山地放置於佔地寬廣的工坊中，由5位烘焙師不停地操作著3台德國PROBAT製的60公斤烘豆機。

當時擔任烘焙作業的最高負責人Jim Reynolds雖並未進行烘焙作業，僅負責最後的品嚐確認，但其咖啡仍是相當美味。丸山社長表示，過去一直認為由店長烘焙才能呈現自家烘焙應有的美味，咖啡的品質與規模是呈反比的固有想法在此刻瞬間瓦解。

烘焙是可以透過團隊來完成的。原來就是因為有著堅強的團隊，全球頂尖的咖啡店經營者才能夠頻繁地造訪產地，尋找更多優質的咖啡豆。

*

就在當次造訪之後，丸山社長對於烘焙咖啡豆的想法出現了180度的大轉變。「要提供一杯美味的咖啡，烘焙固然是相當重要的因子，但咖啡豆本身才是真正的關鍵。」。自此便和咖啡學堂的夥伴們一同透過競標購買精品咖啡豆，更親身前往世界各國的咖啡產地。然而，丸山社長造訪海外的同時，烘焙及咖啡店的管理皆交由工作人員負責，因此人員培育也變成了相當重要的課題。

除此之外，若要以個人名義採購生豆，一次的最低訂購數量為15噸。因此必須提高銷售量，並維持在穩定的品質水準。對此，丸山社長於2004年將小型烘焙機更換為PROBAT製的12公斤烘豆機，並於2008年11月開幕的小諸分店引進Smart Loaster的35公斤烘豆機，更在2013年新購Smart Loaster的70公斤烘豆機。目前以35公斤及70公斤此2台設備進行烘焙作業。

丸山珈琲同時透過拓展多處店鋪，來提升咖啡豆的銷售實力。丸山社長道，過去曾規畫透過網路銷售咖啡豆，但沒想到在網路販賣食品是如此困難。

客人在購物時，對於放入口中的商品特別謹慎，更不會輕易嘗試不曾品嚐過的商品。因此丸山社長選擇改變經營策略，先以實體店鋪方式銷售，提升知名度後，再透過網路推廣商品。

2015年8月之際，丸山珈琲於長野縣擁有5處、山梨縣1處、東京都2處以及神奈川縣1處，共計9處分店。

　丸山社長認為，客人透過實際前來店裡，若能對咖啡的味道感到滿意，便會對丸山珈琲產生「信賴」。提供無微不至的服務及營造高質感的店內環境，不僅提升了品牌實力，這些更都是強化銷售的重要元素，因此丸山珈琲的店鋪可說是發揮有推銷精品咖啡的效益。

　致力於人員教育也是丸山珈琲的特色之一。不僅於小諸分店設置咖啡師專用的訓練室，更曾邀請2002年的世界冠軍Fritz Storm前來舉辦講習活動，對於培育專業咖啡師相當盡心盡力。

　從採購咖啡豆、烘焙、萃取到販售，丸山珈琲的工作涵蓋了咖啡的全部，實踐「從咖啡豆到咖啡杯」的理想，努力開創咖啡新世界。

各分店陳列有丸山珈琲的咖啡師們參加JBC、JSC等各類賽事所獲得的獎盃。能夠於咖啡店內品嚐到世界頂級咖啡師們所沖煮的咖啡，也是丸山珈琲的優勢。

丸山珈琲的歷史

1991年	4 月	成立丸山珈琲（借用友人經營，位於輕井澤町追分的飲料店「柊」，開始營業。其後社長夫人娘家所經營的歐式民宿成為輕井澤本店。）
2001年		參與Cup Of Excellence的拍賣競標活動
2005年	7 月	轉型為有限公司
	8 月	RISONARE分店開幕
2006年		投入培育專業咖啡師 首次出賽JBC
2008年	11 月	小諸分店開幕。引進Smart Loaster 35公斤烘豆機
2009年	6 月	HARUNIRE Terrace分店開幕 開始咖啡研討會活動 首次於JBC獲得冠軍
2010年		首次出賽WBC
2011年	12 月	東京Seminar Room開幕
2012年	10 月	尾山台分店開幕 首次出賽JSC
2013年	3 月	增設Smart Loaster 70公斤烘豆機
	12 月	西麻布分店開幕 首次於JSC獲得冠軍 於WSC獲得第2名佳績
2014年	2 月	長野分店開幕
	11 月	轉型為股份有限公司
	11 月	MIDORI長野分店開幕 首次於WBC獲得冠軍
2015年	8 月	鎌倉分店開幕

丸山珈琲店鋪資訊

於長野、山梨、東京、神奈川等地共計9處分店的丸山珈琲。
每一分店會依照店鋪所處位置調整室內裝潢設計，
但無論何者都有著安定人心的空間，以及設置有商品內容豐富的銷售區。
商品銷售區皆提供試飲服務，向客人推廣當季的咖啡豆。
身為以精品咖啡為主軸的咖啡店，於咖啡業界定位明確地拓展市場。

輕井澤本店

丸山社長夫人娘家所經營的歐式民宿結束營業後，丸山社長便於此開起了咖啡店。於建地內建造烘焙小屋，在小諸分店開幕之前，烘焙作業皆於此處進行。將過去民宿的用餐空間改裝為可容納18席座位的環境。以原木為主、令人安心的裝潢，讓客人有股造訪友人家中，自在無拘束的氛圍更是輕井澤本店的魅力所在。冬季雖然相當寧靜，但一到夏季，許多觀光客蜂擁而至，好不熱鬧。

長野縣北佐久郡輕井澤町輕井澤1154-10
TEL 0267-42-7655
營業時間／10點～18點
店休日／星期二（遇國定假日則照常營業，8月無店休）

RISONARE分店

位在星野集團2005年8月於山梨縣開始營運的渡假飯店「RISONARE山梨八岳」園區內的第1間分店。店內空間僅有10坪大，屬小而美，但銷售區仍提供有眾多商品。店鋪採用由客人於櫃檯點餐，工作人員將商品送至桌邊的半自助式經營。於2012年進行改裝，座位由原本的10席增加為14席。

山梨縣北杜市小淵澤町129-1
TEL 0551-36-6590
營業時間／8點～19點
店休日／同RISONARE山梨八岳

HARUNIRE Terrace分店

位在星野集團2009年6月於長野縣開始營運的商業設施「HARUNIRE Terrace」內。店鋪前方有著能夠欣賞川流的共用露臺，店內也能夠充分欣賞春榆樹群，有著絕佳的位置。該店更是丸山珈琲唯一的咖啡書店，客人們能夠自由閱讀店員們所準備的雜誌及書籍，也可直接購買。店鋪面積為43坪，共50席座位。

長野縣北佐久郡輕井澤星野HARUNIRE Terrace內
TEL 0267-31-0553
營業時間／8點～19點
店休日／全年無休

小諸分店

於2008年11月開幕。小諸分店是將汽車經銷商店進行改裝的大型店鋪，並同時設有烘焙工坊及咖啡師訓練室。店鋪入口處為咖啡豆及咖啡器具銷售區，左側以玻璃隔開的空間為烘焙工坊，右側則為咖啡廳。烘焙工坊備有70公斤及35公斤規格的2台烘豆機，客人能夠近距離地觀看烘豆過程。咖啡廳（50坪大，51席座位）採挑高設計，座位配置也較為寬廣，有著讓人彷彿置身於飯店大廳般的空間。透過大片窗戶能夠一覽淺間山，令人心曠神怡的氛圍也是該分店特色。室內裝潢及家具設計則是交由UNITED PACIFICS操刀，之後丸山珈琲所開設的分店裝潢全由該設計公司負責。

長野縣小諸市平原1152-1
℡ 0267-31-0075
營業時間／9點～20點
店休日／全年無休

東京Seminar Room

丸山珈琲自2009年開始舉辦以一般客人及咖啡業者為對象的咖啡講習會，直營的講習設施於2011年開幕。並於每月舉辦5～6次沖煮咖啡及杯測教學的課程活動。除了丸山社長本身，其他於咖啡師大賽中獲得好成績的咖啡師們也都是講師群。

東京都世田谷區尾山台3-31-1 101號室
Tᴇʟ 03-6805-9975

尾山台分店

2012年10月開幕位於東京都內的首間店鋪。調查了網購顧客名單後，發現居住於東急沿線的客人數相當多，因此選擇於尾山台開店。實際營運後發現，光顧的客人多半是送禮需求，該店的咖啡豆銷售量更佔整體6成。店鋪面積為15坪大，共14席座位。雖位處於都會住宅區內，內部裝潢則仿效輕井澤本店，讓客人能夠放鬆。

東京都世田谷區等等力2-18-15
Tᴇʟ 03-6432-2640
營業時間／10點～21點
店休日／全年無休

西麻布分店

2013年12月開幕。店鋪的設計中帶有東京西麻布餐飲店密集的華麗印象及坐擁高級住宅區的靜謐氛圍。店鋪入口處附近的牆壁設置商品銷售區，整齊陳列了約30款的咖啡豆商品。店內一角則規劃有作為講習及各種活動使用的空間。平常該空間作為試飲區使用，一般提供約5款咖啡供客人自行取用。此外，西麻布分店更引進發祥於美國鹽湖市（Salt Lake City），一間名為Alpha Dominche的公司所研發的「Steampunk」。「Steampunk」是利用蒸氣讓熱水上下移動，透過均勻的蒸悶及攪拌來萃取咖啡的全新設備。西麻布分店另提供有日本茶及中國茶等實驗性飲品供客人選擇。店鋪面積為50坪大，共40席座位。

東京都港區西麻布3-13-3
Tᴇʟ 03-6804-5040
營業時間／8點～21點
店休日／全年無休

長野分店

2014年2月開幕。長野分店位於長野縣內約有30間店鋪的食品超市「Tsuruya」青木島店店內。丸山珈琲一直認為開店於商業設施中較難展現丸山珈琲應有的風格,因此過去並未積極尋找合作對象。然而「Tsuruya」青木島店位處幹道沿線,商圈範圍廣大,長野市以外的居民也可能是來客對象,因此決議於此展店。長野分店雖坐落於超市內,但有著獨立空間,店內採木頭設計,充滿明亮及摩登元素。以座落位置來看,預估前來購買咖啡豆的來客數將會佔多數,因此增大了商品銷售區面積,其中也有相當多前往超市購物的客人會順道來店,使得該分店在禮品等高單價商品的銷售業績相當不錯。店鋪面積為48坪大,共38席座位。

長野縣長野市青木島4-4-5 青木島購物園區1F
TEL 026-214-8740
營業時間／9點30分～20點
店休日／全年無休
※營業時間、店休日同青木島購物園區

MIDORI長野分店

2014年11月開幕。位處長野車站共構大樓「MIDORI」3樓。店內裝潢仿效輕井澤本店,除了帶有日式氛圍外,更充滿典雅元素。飲品部分,則提供有丸山珈琲首次嘗試的虹吸式咖啡。沖煮虹吸式咖啡時相當具視覺效果,造訪該店的客人中,7成皆選擇此萃取方式。MIDORI長野分店雖僅佔地23坪,提供24席座位,但相當看好客人的伴手禮需求,因此加強了商品銷售區的充實度。該店除了能夠買到其他分店一樣有的咖啡豆商品外,更備有以長野縣縣花龍膽為印象的「龍膽精選綜合豆」(中焙)及縣木白樺樹為基調的「白樺精選綜合豆」(深焙),兩款MIDORI長野分店限定的商品。

長野縣長野市南千歲1-22-6 MIDORI長野3F
TEL 026-217-6690
營業時間／10點～20點
店休日／全年無休
※營業時間、店休日同MIDORI長野

鎌倉分店

2015年8月開幕。占地約10坪大小的基本型店鋪。除了售有咖啡豆及咖啡器材外,也提供以法式壓壺及義式濃縮咖啡為基底的咖啡飲品。

神奈川縣鎌倉市雪之下1-10-5
營業時間／9點～19點(依季節有所調整)　　店休日／全年無休

丸山珈琲店內菜單 （西麻布分店所提供之內容）

丸山珈琲的飲品菜單以超過50款的咖啡為主。

法式壓壺及義式濃縮咖啡為各店統一，

依不同分店，還可選擇滴濾式、虹吸式及Steampunk等萃取方式。

每間分店還會依位處環境，推出該分店限定的精選綜合咖啡。

此外，為了強化在地連結，更委請當地的人氣店家，

製作蛋糕及麵包等輕食商品。

丸山珈琲店內菜單。菜單中列舉多款
精品咖啡，彷彿紅酒選單。

熱法式壓壺咖啡 　約30款 　596日圓～
冰法式壓壺咖啡 　4款 　689日圓～
精選單品冰咖啡 　689日圓～

義式濃縮咖啡（可改為低因咖啡） 566日圓
卡布奇諾（可改為低因咖啡） 617日圓
冰拿鐵（可改為低因咖啡） 596日圓
冰美式咖啡（可改為低因咖啡） 596日圓

本日特選義式濃縮咖啡 　617日圓
本日特選卡布奇諾 　617日圓
本日特選冰拿鐵 　596日圓
本日特選冰美式咖啡 　596日圓
義式濃縮雙套組 　669日圓
義式濃縮・美式咖啡雙套組 　853日圓

Seasonal Brewers
● 金屬濾網「Cores」 約3款 　769日圓～
● Steampunk法式壓壺咖啡價格＋100日圓

其他飲品
● 信州產蘋果汁 　596日圓
● 熱牛奶／冰牛奶 　514日圓
● 中國茶 　875日圓
● 茶師十段日本茶 　702日圓

輕食
● 蛋糕、麵包、餅乾 　約16款 　309日圓～
● Affogato 　648日圓

※上述為2015年7月的菜單商品及價格。

利用蒸氣的浸漬式萃取設備「Steampunk」。丸山珈琲雖以提供法式壓壺及義式濃縮咖啡為主，於西麻布分店則可選擇滴濾式（使用金屬製濾網）或Steampunk等萃取方式。

西麻布分店所使用的各咖啡專用杯

❶義式濃縮咖啡專用杯。選用口徑適中，泡沫油脂（Crema）能夠長時間持續，且保溫性佳，厚度偏厚的杯子。
❷卡布奇諾專用杯。為充分讓義式濃縮咖啡與牛奶結合呈現完美搭配，選用170ml尺寸的杯子。
❸法式壓壺咖啡專用杯。搭配法式壓壺的容量，此專用杯大小能恰好品嚐2杯的咖啡。
❹Steampunk、滴濾咖啡。連同咖啡壺提供給客人。由於法式壓壺能夠品嚐到2杯的咖啡，因此Steampunk及滴濾咖啡的部分也提供有2杯的份量。

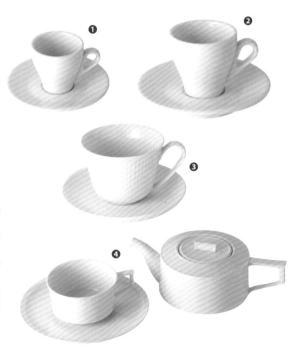

搭配西麻布分店開幕所調配的「西麻布精選綜合咖啡」。西麻布地區雖然聚集眾多餐飲店，讓人有華麗的印象，但相對也座落於高級住宅區，沉靜的氛圍讓西麻布呈現一體兩面的風格，而該款精選綜合咖啡便是以此為印象調製。丸山珈琲於各分店皆提供有該店限定的綜合咖啡商品。

濃郁的義式濃縮咖啡結合滑潤牛奶奶泡的卡布奇諾。丸山珈琲基於與當地區域店家的合作連結，蛋糕及麵包等輕食皆委由該區域的知名店家負責，這也是丸山珈琲的經營方針。

西麻布分店除了咖啡，還提供有日本茶及中國茶供客人選擇。日本茶出自「下北茶苑大山」（東京・下北澤）茶師十段的大山泰成大師之手。丸山社長表示，丸山珈琲在追求精品咖啡的同時，更透過與葡萄酒、茶、麵包及蛋糕等類型商品的交流，落實追求開拓視野目標。因此店鋪內不僅提供咖啡，更介紹許多優質的其他類型商品。

於冰淇淋淋上義式濃縮咖啡後享用的「Affogato」是丸山珈琲的人氣甜點。將2份的義式濃縮咖啡裝於鋼杯中提供客人自行操作。Affogato專用的玻璃容器更帶出高雅質感。

咖 啡 用 語（用語解説）

【阿拉比卡種】（Arabica）

3大咖啡原種之一。目前全球發現約有80種的咖啡樹，但其中能作為咖啡飲用的僅有阿拉比卡種、坎尼佛拉（Canephora）種〔主要為羅布斯塔種（Robusta）〕及賴比瑞亞種（Liberica）3種類，其中阿拉比卡種佔全球咖啡產量約70%。在3種咖啡種類，就屬阿拉比卡種的香味及品質最為優良。而阿拉比卡種中，除了有鐵比卡（Typica）、波旁（Bourbon）等原生種外，還有卡杜拉（Caturra）、Novo、卡杜艾（Catuai）等鐵比卡及波旁的突變種與交配種，存在有許多的栽培品種。

阿拉比卡種的主要品種

- ●鐵比卡 ………… 源自於衣索比亞。經由印尼、荷蘭、法國，傳播至馬丁尼克島（Martinique）。
- ●波旁 …………… 鐵比卡的突變種。源自於由葉門移植至留尼旺島（Runion）。其中還有果實為黃色的黃波旁（Yellow Bourbon）等品種。
- ●藝妓 …………… 原產自衣索比亞的野生種。1960年（Geisha）　　 代傳入中美洲。
- ●卡杜拉 ………… 於巴西發現的波旁突變種。
- ●新世界 ………… 蘇門答臘（鐵比卡亞種）與波旁的自（Mundo Novo） 然交配種。
- ●卡杜艾 ………… 新世界與卡杜拉的人工交配種。
- ●帕卡瑪 ………… 巴西象豆（鐵比卡突變種；（Pacamara）　 Maragogype）與薩爾瓦多帕卡斯（波旁突變種；Pacas）的人工交配種。
- ●卡提摩 ………… 提摩雜交（阿拉比卡種與坎尼佛拉種（Catimor）　　 交配種；Hybird Timor）與卡杜拉的人工交配種。

【完成烘焙】

停止烘焙的時間點。最終完成烘焙咖啡豆時所量測到的溫度則稱為完成烘焙溫度。

【杯測師】（Cupper）

進行杯測的人。

【杯測】（Cupping）

評價咖啡的品質。透過萃取液的香氣、酸味、甜味及苦味等確認其風味及質感。

【咖啡品評會】（Cup of Excellence）

每年於生產國會進行一次的咖啡豆國際品評會。由該國國內及國際審查員以杯測方式進行審查，平均分數超過85分的高評價咖啡豆可受贈Cup of Excellence稱號。獲得高分的咖啡豆則可於網路拍賣上競標。

【杯測品質】（Cup Quality）

咖啡萃取液的品質。

【泡沫油脂】（Crema）

在萃取義式濃縮咖啡時，覆蓋於表面似乳脂的泡沫層。

【Crop】

除了有意指咖啡豆作物外，也用來表示生豆的收種年份或收種時期。2015年於產地收成的生豆便稱為2015年Crop，而在消費國為了在等到下次收成前使用該批咖啡豆，因此將其稱為2015～16年Crop。「New Crop」則為新豆的意思。

【咖啡櫻桃】（Coffee Cherry）

咖啡的果實。因狀似櫻桃，而有此別稱。咖啡櫻桃內的種子便是咖啡豆。

【第三波咖啡浪潮】（Third Wave）

1990年代後半期出現於美國咖啡業界的革命。主要是指直接和生產者交易採購咖啡豆的過程，並將其咖啡豆於自家進行烘焙，配合客人的喜好，由咖啡師萃取成咖啡液的風潮。美國芝加哥「Intelligentsia Coffee」、波特蘭「Stumptown Coffee Roasters」及德罕「Counter Culture Coffee」便是吹起此波浪潮的重要推手。此外，第一波咖啡浪潮（First Wave）始於19世紀末，當時咖啡豆能夠開始大量生產，在美國成為了日常生活必備的飲品。第二波咖啡浪潮（Second Wave）則是1980～90年代，由成立於西雅圖的「星巴克咖啡（Starbucks Coffee）」帶領「西雅圖派咖啡廳」成為世界潮流的時期。

【單品咖啡】（Single Origin）

係指來自於單一生產地區、莊園、單一品種、並以特定生產處理方法加工，未經過混合的咖啡豆。和以巴西、哥倫比亞、吉利馬札羅（Kilimanjaro）直接將產地國或區域作為名稱命名的純粹咖啡（Straight Coffee）相比，單品咖啡是將莊園名稱、品種、生產處理法等放入名稱中，更能掌握咖啡的詳細資訊。

【精品咖啡】（Specialty Coffee）

生產區域、莊園、品種等相當明確，杯測時被判定為優質、充滿獨特香味的咖啡。業界對於精品咖啡雖無非常明確的定義，但不同於過往以產地海拔高度或顆粒大小為評判基準，精品咖啡相對更重視杯測品質。

【生產處理】

生產處理係指將成熟咖啡櫻桃去除果皮、果肉及內果皮，使其呈現生豆狀態。另也被稱為精製。生產處理法可大致區分為「水洗法（Washed）」、「日曬法（Natural）」及「半日曬法（Pulped Natural）」3種。生產處理法不同，咖啡風味也會隨之改變。

● 水洗法

將咖啡櫻桃放入水槽內，並除去石頭、樹葉等異物，以一種名為「Pulper」的專門去皮設備摘取果肉。放入發酵槽中，將去皮果肉及果膠（內果皮表面所包覆的黏膜；Mucilage）在自然發酵後予以水洗，讓咖啡豆在包覆著內果皮的狀態下進行乾燥。乾燥完成後，剝除內果皮，取出種子後，咖啡豆會帶著澄澈口感。

● 日曬法

將整顆咖啡櫻桃果實乾燥後，去除果肉及內果皮，屬於非常簡易的生產處理法。此方法處理的咖啡帶有獨特的甜味及香氣。

● 半日曬法

以Pulper設備去除咖啡櫻桃的果肉，在包覆著果膠的狀態下予以乾燥。完成乾燥後，取出內果皮，去除種子。果膠在中南美又被稱為「Miel」（蜂蜜含意），因此該生產處理法又被稱為「蜜處理法」味道介於水洗法及日曬法。

【生豆】

將咖啡果實精製後，除去果肉及內果皮的種子。

【內果皮】（Parchment）

咖啡的內果皮。介於果肉及銀皮（Silver Skin）間，呈現褐色的薄皮。包覆著內果皮的咖啡豆也被稱為帶殼豆。有著內果皮包覆著的帶殼豆風味較不易劣化，因此也有生產者會選擇以此方式供貨。

【烘焙方式】

烘豆機的形式不同，加熱咖啡豆的方法便有所差異，大致可分為直火式、半熱風式及熱風式3類型。

● 直火式

將生豆放入表面有著多個小洞的滾筒（烘焙豆子鍋爐的部分）中，透過滾筒下方的熱源進行加熱。

● 半熱風式

將生豆放入無小洞的滾筒中，透過滾筒下方的熱源進行加熱。滾筒會因熱升溫，透過熱源讓滾桶內的空氣變熱，進行烘焙。

● 熱風式

於遠離滾筒處以熱源將空氣加熱，並將其熱風送至滾桶內，烘焙生豆。

【爆破】

當進行烘焙時，咖啡豆內部會產生碳酸氣體，讓豆子膨脹。當咖啡豆無法承受內部壓力，便會破壞豆子的細胞，並產生劈啪聲響，此稱為「第1爆」。持續加熱的話，豆子內部會再次產生氣體並爆裂，此稱為「第2爆」。

【中庭】（Patio）

咖啡日曬場地。將咖啡櫻桃、帶殼豆鋪於水泥地或紅磚地上，使其乾燥。

【咖啡師】（Barista）

Barista為義大利文，係指於BAR的吧檯內提供義式濃縮咖啡等咖啡飲品的服務人員。

【微小氣候】

特殊地理環境所呈現該地區限定的氣候。也稱為「局部氣候」或「微氣候」。

【奶泡】（Milk Foam）

以蒸汽製作成的牛奶泡沫。

【拉花】（Latte Art）

在沖煮拿鐵或卡布奇諾時，於義式濃縮咖啡中注入奶泡，描繪花紋或其他圖樣。

咖啡飲品系列叢書

咖啡吧台師的新形象

18X26cm　　　136頁
彩色　　定價350元

最精解！Barista 冠軍培練師 - 阪本義治，告訴您何謂「真正的好咖啡」！

您知道一杯精緻好喝的咖啡在送到您面前之前，背後包含了多少心血嗎？除了咖啡吧台師的專業調理之外，豆子的產地、挑選、烘培、萃取甚至是咖啡機的機種、維護，都是影響品質的因素。

能夠將咖啡豆的價值發揮到淋漓盡致，才是真正的職業高手！

★帶您認識何謂「新咖啡吧台師」的理想形象與其肩負的未來。

★極其專業、精緻的義式濃縮咖啡的萃取技術，詳解大公開

★一窺 Barista 的培訓課程 & WBC 世界盃咖啡大師競賽的內容。

附：義式濃縮咖啡評估表。

利用各種資訊得到知識，透過經驗記取的體會跟感受，注重與咖啡之間的種種關連，為此不惜付出一切的努力，便是 Barista 的使命。

瑞昇文化　http://www.rising-books.com.tw
＊書籍定價以書本封底條碼為準＊
購書優惠服務請洽：TEL：02-29453191 或 e-order@rising-books.com.tw

Café Bach 濾紙式
手沖咖啡萃取技術

18X26cm　　　128 頁
彩色　　定價 350 元

傾注於現磨咖啡粉上的是對於手沖咖啡的美味堅持！
──獻給每一位，喜愛咖啡的人。──

　　對於以成為咖啡專家為目標的人，或是喜歡享受自行沖煮咖啡樂趣的人而言，手沖咖啡有其獨特的魅力與存在價值。

　　咖啡豆的種類‧烘焙度、咖啡粉粗細、濾紙與濾杯、手沖壺的水溫‧水柱粗細、悶蒸時間的拿捏，這些微小的細節，都會對咖啡的風味產生細膩的影響。

　　在日本被喻為咖啡之神的本書作者─田口護，以推廣咖啡為畢生志業。為了讓更多喜愛手沖咖啡的朋友習得「濾紙式手沖咖啡」的萃取技術，將其自身經營咖啡店四十年來的經營理念與手沖咖啡萃取技術，透過淺顯易懂的圖文對照解說，將他對於手沖咖啡的美味堅持，毫無保留地傳授並凝縮成冊。

　　衷心希望能藉由手沖咖啡萃取技術的傳承，讓更多人得以品嚐到手沖咖啡的美味與樂趣。

瑞昇文化　http://www.rising-books.com.tw
＊書籍定價以書本封底條碼為準＊
購書優惠服務請洽：TEL：02-29453191 或 e-order@rising-books.com.tw

玩味咖啡

15X21cm　　　112 頁
彩色　　定價250 元

「需要特殊器材才能煮的咖啡，就交給專門店吧。
只管掌握要領，輕鬆地沖煮出好喝的咖啡就行了。」

　　不用太繁複的步驟，只要掌握咖啡最基礎的認識 & 工具，即可變化出一杯風味與眾不同的特調咖啡。

　　與咖啡一起吃的甜點，如果也能做成咖啡風味，就能讓咖啡在味蕾上激盪出更加豐富的層次感。　本書從簡單介紹咖啡豆的種類、研磨器具、沖煮方法等開始，綜合作者經營咖啡廳 11 年的心得，以簡單的圖文方式，例舉出作者多年來精心開發的各式特調咖啡、咖啡風味甜點的食譜。多種組合搭配，玩出視覺與味覺的新體驗，要顛覆您對咖啡的既定印象。

　　品嚐咖啡不只是一種享受，還能是件快樂的事。　喜愛咖啡的您，不妨跟著作者，一起輕鬆「玩味咖啡」吧！

瑞昇文化　http://www.rising-books.com.tw
＊書籍定價以書本封底條碼為準＊
購書優惠服務請洽：TEL：02-29453191 或 e-order@rising-books.com.tw

冠軍咖啡調理師
虹吸式咖啡全示範

18X26cm　　　104頁
彩色　　定價300元

**頂級咖啡師一致公認～虹吸裝置萃取出來的咖啡，
最為香醇道地，純淨度高，令人低迴不已！**

　　巧妙運用蒸氣吸引原理的「虹吸式（syphon、siphon）」咖啡萃取法據說是英國人於19世紀初發明，自1970年後，虹吸式咖啡壺才正式成為咖啡專賣店的主要裝置，同時也深入一般家庭，成為不少家庭內最愛用的烹煮咖啡器具。

　　有許多複雜的因素，會影響虹吸式咖啡所調製出來的咖啡品質，除了基本的選豆（混合、烘焙、份量、粗細），沖煮過程中的用水量、火力、攪拌、浸漬時間等，每一個環節都至關重要，都足以影響一杯咖啡的風味口感。

　　為了讓更多熱愛咖啡的人能夠品嚐到最道地、最香醇的咖啡，本書特別為您邀請到，曾於日本咖啡大師競賽中榮獲「虹吸式咖啡組冠軍」殊榮的兩位大師，針對他們長期鑽研的虹吸式咖啡沖煮技巧、可應用的變化口味、及從開店作業過程中累積的虹吸式咖啡處理訣竅，以精美的圖文做出相當精闢的解說，讓咖啡迷們能夠進入虹吸咖啡的殿堂，體驗它無可取代的魅力！

瑞昇文化　http://www.rising-books.com.tw
＊書籍定價以書本封底條碼為準＊
購書優惠服務請洽：TEL：02-29453191 或 e-order@rising-books.com.tw

PROFILE

丸山健太郎

丸山珈琲株式會社 社長
1968年生於埼玉縣,於神奈川縣逐長大。高
中畢業後,過著邊打工邊放逐海外,學習
英語的生活。1991年於長野縣輕井澤創立
了「丸山珈琲」。自1990年代後半開始,
便直接前往國外咖啡產地,2001年時,參
與了Cup Of Excellence的國際競標活動。目
前一年約有150天皆在海外進行採購咖啡豆
任務。在咖啡生產國所舉辦的咖啡豆國際
品評會中,更是知名的國際評審之一。有
著Cup Of Excellence國際評審、日本精品
咖啡協會 副會長、ACE(Alliance for Coffee
Excellence Inc.)名譽理事等頭銜。

TITLE

丸山珈琲的精品咖啡學

STAFF

出版	瑞昇文化事業股份有限公司
編著	柴田書店
譯者	蔡婷朱
總編輯	郭湘齡
責任編輯	莊薇熙
文字編輯	黃美玉　黃思婷
美術編輯	謝彥如
排版	二次方數位設計
製版	昇昇興業股份有限公司
印刷	桂林彩色印刷股份有限公司
法律顧問	經兆國際法律事務所　黃沛聲律師
代理發行	瑞昇文化事業股份有限公司
地址	新北市中和區景平路464巷2弄1-4號
電話	(02)2945-3191
傳真	(02)2945-3190
網址	www.rising-books.com.tw
e-Mail	resing@ms34.hinet.net
劃撥帳號	19598343
戶名	瑞昇文化事業股份有限公司
初版日期	2016年7月
定價	320元

國家圖書館出版品預行編目資料

丸山珈琲的精品咖啡學 / 柴田書店編著;蔡婷
朱譯. -- 初版. -- 新北市:瑞昇文化, 2016.07
112 面;19 X 24.3 公分
ISBN 978-986-401-104-9(平裝)

1.咖啡

427.42　　　　　　　　　　105009195